助力乡村振兴
出版计划

【 现代养殖业实用技术系列 】

肉羊
优质高效
养殖技术

主　编　陈　胜
副主编　杨　林
编写人员　章　薇　朱德建　汤继顺　惠文巧
　　　　　周　芬　吴　娟　李　默

U0396059

时代出版传媒股份有限公司
安徽科学技术出版社

图书在版编目(CIP)数据

肉羊优质高效养殖技术 / 陈胜主编. --合肥:安徽科学技术出版社,2021.12

助力乡村振兴出版计划. 现代养殖业实用技术系列

ISBN 978-7-5337-8539-0

Ⅰ.①肉… Ⅱ.①陈… Ⅲ.①肉用羊-饲养管理 Ⅳ.①S826.9

中国版本图书馆 CIP 数据核字(2021)第 262944 号

肉羊优质高效养殖技术

主编 陈 胜

出 版 人:丁凌云　选题策划:丁凌云　蒋贤骏　陶善勇　责任编辑:王 勇
责任校对:程 苗　责任印制:梁东兵　　　　　　　　装帧设计:冯 劲
出版发行:时代出版传媒股份有限公司　http://www.press-mart.com
　　　　　安徽科学技术出版社　　　　　http://www.ahstp.net
　　　(合肥市政务文化新区翡翠路 1118 号出版传媒广场,邮编:230071)
　　　电话:(0551)63533330
印　　 制:安徽联众印刷有限公司　　电话:(0551)65661327
(如发现印装质量问题,影响阅读,请与印刷厂商联系调换)

开本:720×1010　1/16　　　印张:11.5　　　　字数:140 千
版次:2021 年 12 月第 1 版　　2021 年 12 月第 1 次印刷

ISBN 978-7-5337-8539-0　　　　　　　　　　定价:36.00 元

"助力乡村振兴出版计划"编委会

出版说明

　　"助力乡村振兴出版计划"（以下简称"本计划"）以习近平新时代中国特色社会主义思想为指导，是在全国脱贫攻坚目标任务完成并向全面推进乡村振兴转进的重要历史时刻，由中共安徽省委宣传部主持实施的一项重点出版项目。

　　本计划以服务区域乡村振兴事业为出版定位，围绕乡村产业振兴、人才振兴、文化振兴、生态振兴和组织振兴展开，由《现代种植业实用技术》《现代养殖业实用技术》《新型农民职业技能提升》《现代农业科技与管理》《现代乡村社会治理》五个子系列组成，主要内容涵盖特色养殖业和疾病防控技术、特色种植业及病虫害绿色防控技术、集体经济发展、休闲农业和乡村旅游融合发展、新型农业经营主体培育、农村环境生态化治理、农村基层党建等。选题组织力求满足乡村振兴实务需求，编写内容努力做到通俗易懂。

　　本计划的呈现形式是以图书为主的融媒体出版物。图书的主要读者对象是新型农民、县乡村基层干部、"三农"工作者。为扩大传播面、提高传播效率，与图书出版同步，配套制作了部分精品音视频，在每册图书封底放置二维码，供扫码使用，以适应广大农民朋友的移动阅读需求。

　　本计划的编写和出版，代表了当前农业科研成果转化和普及的新进展，凝聚了乡村社会治理研究者和实务者的集体智慧，在此谨向有关单位和个人致以衷心的感谢！

　　虽然我们始终秉持高水平策划、高质量编写的精品出版理念，但因水平所限仍会有诸多不足和错漏之处，敬请广大读者提出宝贵意见和建议，以便修订再版时改正。

本册编写说明

　　肉羊生产是畜牧业的重要组成部分,羊肉是百姓"菜篮子"的重要品种之一。发展肉羊生产,对于增强羊肉供给保障能力、巩固脱贫攻坚成果、全面推进乡村振兴、促进经济社会稳定发展具有十分重要的意义。随着畜牧业的结构调整和乡村振兴战略的实施,肉羊产业呈现蓬勃发展态势。新建规模羊场不断涌现,肉羊养殖业正处于战略转型期和机遇发展期。为促进肉羊产业发展,农业农村部和地方政府先后出台了一系列相应的鼓励和扶持政策。当前,我国肉羊产业正处于从传统、分散、小规模生产经营方式向规模化、集约化、专业化肉羊生产经营方式转型的关键时期,经营模式由传统养殖业向产业融合方向转型升级,饲养方式由粗放型向专业化发展。但肉羊产业发展也存在诸多问题,如产业规模化程度仍较低,产业链各环节联接松散,全产业链抵御风险能力较弱,产品结构和销售模式单一等,亟需在地方肉羊种质资源保护及合理利用、肉羊新品种培育、营养与饲料、生产与环境控制、屠宰与羊肉加工、一二三产融合全产业链发展模式等方面取得新进展。

　　本书从肉羊产业的发展趋势入手,共分7章介绍了肉羊品种及杂交改良、羊场建设与设施设备、肉羊饲养管理、肉羊繁殖技术、肉羊育肥技术、种草养羊、肉羊疫病防治等方面的内容,较为系统地介绍了肉羊生产的关键环节。全书内容结合肉羊产业发展的实际需要,力求实现理论通俗化、技术实用化。

目　录

第一章

肉羊品种及杂交改良

第一节　肉羊品种

肉羊有肉用绵羊和肉用山羊之分,目前安徽省饲养的肉用绵羊品种较多,主要包括湖羊、小尾寒羊等地方品种,以及从国外引进的杜泊绵羊、澳洲白绵羊、萨福克羊、东弗里生羊等。饲养的肉用山羊品种主要包括黄淮山羊(安徽白山羊)、麻城黑山羊、波尔山羊、萨能奶山羊等。湖羊、小尾寒羊、黄淮山羊等地方品种,它们在初生重、日增重、成年体重、育肥性能、饲料成本等方面比不上国外肉羊品种,却具有耐粗饲、抗病力和适应性强、繁殖率高等优点,是发展肉羊生产不可或缺的遗传资源。

一　绵羊品种

1.湖羊

(1)产地分布。20世纪湖羊因其所产羔羊的羔皮花纹美观而闻名,曾为我国特有的羔皮用绵羊品种,但目前主要作为肉用羊。湖羊原产于我国太湖流域的江苏、浙江等地,以生长发育快、性成熟早、四季发情、多胎多产为主要特征。因其性情温顺、耐粗饲、适合舍饲等特点,现已分布于全国大部分省市。安徽省2000年后大量引入,现已成为安徽省绵羊养殖的主要品种之一。

(2)外貌特征。湖羊(图1-1)体格中等,公、母羊均无角,头形狭长清

秀,鼻梁隆起,眼睛大而突出,多数耳大下垂,颈细长,体躯狭长,背腰较平直,腹微下垂,尾扁圆,尾尖短小上翘,四肢偏细而长。被毛全白,少数个体的眼圈、四肢有黑色或褐色的斑点,腹毛粗、稀而短。体质结实,耐湿热,适宜舍饲。初生羔羊毛色洁白,背部花纹呈波浪形,图案美观。

图1-1　湖羊

（3）生产性能。湖羊早期生长发育快,羔羊初生重与产羔数呈负相关,同窝公羔初生重大于母羔。2月龄公羔体重 15~18 千克,母羔体重 14~17 千克;6月龄公羊体重约 45 千克,母羊体重约 40 千克;成年公羊体重 60~65 千克,母羊体重 45~50 千克。

（4）繁殖性能。湖羊性成熟早,常年发情,繁殖率很高。公羊 4~5 月龄性成熟,母羊 6 月龄体重 30 千克以上可配种繁殖。湖羊母性好、泌乳力高。除初产外,每胎多在 2 只以上,高的有 6~8 只,平均产羔率可达 230%。

（5）产业现状。湖羊在我国已有 800 多年的饲养历史,是国家保护的绵羊品种之一。目前,湖羊的生产类型已完成由"皮主肉从"向"肉主皮从"的转变。调整了湖羊的生产方向后,注重利用当地品种和饲料资源的开发,湖羊生产稳中有增,有效供给明显增加,取得了良好的社会效益和经济效益。

湖羊在 1989 年被《中国羊品种志》收录,2006 年被列入《国家畜禽遗传资源保护名录》。我国 2006 年发布了修订的国家标准《湖羊》

（GB 4631—2006），2020 年中国畜牧业协会审核通过了团体标准《湖羊》（T/CAAA 051—2020）。系列标准的颁布实施给湖羊的品种鉴定、等级评定提供了参考依据。

由于"退耕还草"工程的需要，湖羊被大批量地引入到外省。2007 年时，湖羊已推广至新疆、西藏、内蒙古、宁夏、甘肃、江西、福建、湖南等地。2013 年以后，随着精准扶贫政策的实施，湖羊基本上被引入到全国各地，且均表现出良好的适应性，存栏数量也大幅上升。

2.小尾寒羊

（1）产地分布。小尾寒羊主要分布在山东西南部。河南新乡、开封地区，河北南部、东部和东北部，安徽、江苏北部等地均有我国著名的小尾寒羊地方优良品种。我国著名养羊专家赵有璋教授对小尾寒羊的评价是："中国的国宝""世界超级绵羊品种"。

（2）外貌特征。小尾寒羊（图 1-2）被毛白色，部分头、肢有黑褐色斑点、斑块；公羊有三棱形螺旋状角，母羊半数无角、半数有小角或角基。公羊头颈粗壮，母羊头颈较长；头部清秀，嘴宽，鼻梁隆起；体质结实，耳大下垂，四肢较长且粗壮，身躯高大，前后躯发育匀称，前胸较深，背腰平直，蹄质坚实，小脂尾呈椭圆形，下端有纵沟，一般在飞节以上。

图1-2　小尾寒羊

3

（3）生产性能。成年公、母羊体重分别约为94.1千克和48.7千克，公、母羔断奶时体重分别约为20.8千克和17.2千克。3月龄羔羊胴体重约8.49千克，净肉重约6.58千克，屠宰率50.6%，净肉率39.21%；周岁公羊胴体重约40.48千克，净肉重约33.41千克，屠宰率和净肉率分别为55.6%和45.89%。

（4）繁殖性能。母羊5~6月龄发情，公羊7~8月龄可配种。母羊一年四季发情，具有多胎性，一年2胎或两年3胎，产羔率为260%~270%。

（5）产业现状。自20世纪90年代以来，各有关省市相继开展了对小尾寒羊羔羊早期断奶、同期发情、人工授精、育肥方式、羔皮品质、四季发情机制、多胎主效基因等的一系列的研究，并取得了很多成果，为小尾寒羊在全国范围内的推广和利用提供了强有力的技术支撑。小尾寒羊1981年被《中国羊品种志》收录，2000年被列入《国家级畜禽品种保护名录》，2006年被列入《国家畜禽遗传资源保护名录》，2008年12月国家标准《小尾寒羊》（GB/T 22909—2008）颁布。

小尾寒羊繁殖力强，适合舍饲圈养，有利于规模化养殖，近年来的存栏量总体呈现上升趋势。

3.杜泊绵羊

（1）产地分布。原产于南非，由有角陶赛特羊与波斯黑头羊杂交育成。现分布于南非、西亚、澳大利亚、新西兰和中国等地。安徽省杜泊绵羊多用作父本与国内地方品种母绵羊杂交，以提高本地品种初生重、生长性能和产肉率。

（2）外貌特征。杜泊绵羊分白头（图1-3）和黑头（图1-4）两种，无角，头上有短、暗黑或白色的毛，体前躯有短而稀的浅色毛，腹部有明显的干死毛。体躯呈独特的筒形，体格大，体质坚实。母羊头较清秀且狭长，公羊头稍宽；公羊鼻梁稍隆起，母羊较平直；耳朵较小，向前下方稍倾斜；背腰宽平,胸宽深,体躯浑圆,臀部宽长,后躯丰满,肌肉特别发达,具有典型的肉用体形;四肢较细而短,蹄质坚实,尾巴较瘦长。

图1-3　白头杜泊绵羊

图1-4　黑头杜泊绵羊

　　(3)生产性能。杜泊绵羊生长发育快,12月龄公羊体重70~85千克,母羊体重60~70千克;24月龄公羊体重110~130千克,母羊体重75~95千克;舍饲育肥6月龄杜泊绵羊体重70千克左右。

　　(4)繁殖性能。母羊6~8月龄性成熟,公羊10~12月龄可配种。母羊产羔率显著低于国内的湖羊和小尾寒羊,产羔率一般为140%左右。

　　(5)产业现状。杜泊绵羊在南非是第二大肉羊品种,存栏量1 000万只以上,约占南非绵羊总量的1/3。我国2001年首次从澳大利亚引进杜泊绵羊,并利用纯种繁育和胚胎移植等技术进行了扩繁。国内引进和扩

繁杜泊绵羊数量较多的省份有河北、河南、山西、陕西、新疆、安徽、内蒙古、宁夏等地也有少量引进。目前,杜泊绵羊主要作为父本培育肉用绵羊新品种,或与国内地方绵羊品种杂交生产商品肉羊。

4.澳洲白绵羊

(1)产地分布。澳洲白绵羊原产于澳大利亚新南威尔士州,由白头杜泊绵羊、万瑞绵羊、无角道赛特羊和特克赛尔羊等多品种相互杂交选育而成。澳洲白绵羊在安徽省主要用作杂交改良的终端父本,利用杂种优势以提高杂交后代的生长和屠宰性能。

(2)外貌特征。澳洲白绵羊(图1-5)公、母均无角,头和体躯白色。皮厚,被毛为粗毛。头略短小,宽度适中,鼻梁宽大,略微隆起,耳大向外平展,颈长且粗壮。肩胛宽平,胸深,背腰长而宽平,臀部宽而长,后躯深,肌肉发达饱满,体躯侧看呈长方形、后视呈方形。体质结实,结构匀称,四肢健壮,前腿垂直,后腿分开适度;蹄质坚实,呈灰色或黑色。

图1-5 澳洲白绵羊

(3)生产性能。澳洲白绵羊体形较大,12月龄公羊体重70~90千克,母羊体重65~75千克;24月龄公羊体重90~120千克,母羊体重80~90千克。

(4)繁殖性能。母羊常年发情,5~8月龄性成熟,产羔率为130%~180%,

初次配种年龄在 10~12 月龄。公羊初配年龄在 12~14 月龄。

（5）产业现状。国内 2011 年首次引进澳洲白绵羊,目前已推广至安徽、内蒙古、辽宁、吉林、黑龙江、甘肃、新疆、贵州、河南、河北、山东、天津等地,并与当地绵羊品种开展杂交试验,在抗逆性和生长速度方面表现突出,成为肉用绵羊三元杂交生产和新品种培育的关键品种。

5.萨福克羊

（1）产地分布。原产于英国,由南丘羊与黑头有角的诺福克绵羊杂交培育而成,现分布于美国、加拿大和澳大利亚等国家。安徽省部分企业引进萨福克羊用于杂交改良湖羊,效果较好。

（2）外貌特征。萨福克羊(图 1-6)头部和四肢被毛为黑色,其他部位被毛白色。体格大,头短而宽,鼻梁隆起。公、母羊均无角,颈部长而宽,耳大,胸部宽深,背腰和臀部长、宽而平,肌肉丰满,后躯发育良好。头、颈、肩结合紧凑,肋骨开张良好,体躯呈圆筒状,四肢短而粗壮,蹄质坚实。

图1-6 萨福克羊

（3）生产性能。4 月龄育肥羔羊胴体重公羔约 24.2 千克,母羔约 19.7 千克。7 月龄羔羊平均体重约 70.4 千克,胴体重约 38.7 千克,屠宰率 55%。12 月龄公羊体重为 108~120 千克,母羊体重为 70~80 千克。

（4）繁殖性能。在良好的饲养管理条件下，萨福克羊具有非季节性发情的特点。公、母羊12月龄左右初配，头胎产羔率173%，第二胎产羔率可达204.8%。

（5）产业现状。自20世纪70年代开始，我国新疆、内蒙古等地先后多次从澳大利亚引进萨福克种羊，但群体数量不大。值得注意的是，用萨福克羊杂交改良地方绵羊品种时，杂交后代被毛多为杂色。

6.东弗里生羊

（1）产地分布。东弗里生羊原产于德国东北部，是目前世界绵羊品种中产奶性能最好的品种。东弗里生羊国外多用作乳用绵羊，安徽省部分企业引进主要作为保姆羊使用，或杂交改良本地绵羊以提高后代产奶性能。

（2）外貌特征。东弗里生羊（图1-7）体格大，体形结构良好。公、母羊均无角，被毛白色，偶有纯黑色个体出现。体躯宽长，腰部结实，肋骨拱圆，臀部略有倾斜，尾瘦长无毛。乳房结构优良、宽广，乳头良好。

图1-7 东弗里生羊

（3）生产性能。成年公羊体重90~120千克，成年母羊体重70~90千克。成年母羊260~300天产奶量500~810千克，乳脂率6%~6.5%。

（4）繁殖性能。母羊9~10月龄性成熟，公羊12月龄左右可配种。母羊产羔率200%~230%。

(5)产业现状。我国辽宁、北京先后引进了东弗里生羊,但群体数量较少。近年来,随着羊奶产业的发展,该品种的引进和扩繁数量呈增长趋势。

二 山羊品种

1.黄淮山羊

(1)产地分布。黄淮山羊分布于淮河流域的河南、安徽、江苏三省交界处。在河南分布于周口、驻马店、信阳、开封等地区,称为槐山羊;在安徽分布于阜阳、宿州、六安、合肥等地区,称为安徽白山羊;在江苏分布于徐州等地,称为徐淮山羊。黄淮山羊具有分布面积广、数量多、耐粗饲、抗病力强、性成熟早、繁殖率高、产肉性能好、板皮品质优良等特点。

(2)外貌特征。黄淮山羊(图1-8)被毛为白色,粗毛短、直且稀少,绒毛少。黄淮山羊有有角和无角两种类型。有角羊公羊角粗大,母羊角细长,呈镰刀状向上后方伸展。头部额宽,嘴尖,鼻梁平直,面部微凹,耳朵小而灵活,公、母羊均有须。体躯较短,胸较深,背腰平直,肋骨开张呈圆筒状,结构匀称,尻部微斜,尾粗短上翘,蹄质坚实。母羊乳房发育良好,呈半球状。

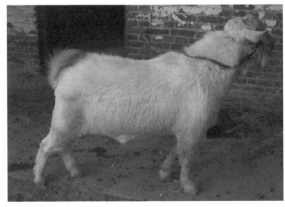

图1-8 黄淮山羊

(3)生产性能。羔羊初生体重平均为 1.86 千克,2 月龄断奶体重平均为 6.84 千克,3~4 月龄体重 7.5~12.5 千克。7~8 月龄羯羊活重 16.65~17.40 千克,屠宰率 48.79%~50.05%,净肉率 39%左右;成年羯羊活重平均为 26.32 千克,屠宰率 45.90%~51.93%。成年公羊体重 50 千克左右,母羊体重 40 千克左右。板皮致密,毛孔细小,分层多而不破碎,拉力强而柔软,韧性大,弹力强,是优质制革原料。

(4)繁殖性能。黄淮山羊性成熟早,母羊出生后 40~60 天即可发情,4~5 月龄可配种,9~10 月龄可产第一胎。妊娠期 145~150 天,母羊产后 20~40 天发情,一年可产两胎。母羊全年发情,以春、秋季旺盛,发情周期 15~21 天,持续期 1~2 天,产羔率 227%~239%。

(5)产业现状。目前,黄淮山羊由皮肉兼用转向以肉用为主。20 世纪 90 年代中期,在黄淮流域各省近亿只存栏羊中,黄淮山羊达 8 000 万只之多。1998 年开始,波尔山羊作为世界肉用山羊之父被引入黄淮流域各省,用其对黄淮山羊进行了大面积杂交改良,取得了较好的效果。但由于盲目炒种和无限制的级进杂交,导致纯种黄淮山羊数量急剧下降,黄淮山羊宝贵的基因逐渐被波尔山羊杂交羊所取代。目前纯种的黄淮山羊数量已经较少,但随着《种业振兴行动方案》的实施,各地高度重视黄淮山羊遗传资源的保护与开发,使黄淮山羊的存栏量呈现回升趋势。

2.麻城黑山羊

(1)产地分布。麻城黑山羊中心产区位于湖北省东北部的麻城市,分布在大别山南麓周边地区,安徽省六安市金寨县有少量分布。2009 年,麻城黑山羊通过畜禽遗传资源委员会鉴定,具有性成熟早、繁殖率高、抗逆性强、耐粗饲、易放牧、育肥性能好、屠宰率和净肉率高、遗传性能稳定等特点。

(2)外貌特征。麻城黑山羊(图 1-9)全身被毛黑色,毛短贴身,富有光泽,成年公羊背部毛长5~16厘米。少数羊初生黑色,3~6月龄羊毛色变为黑黄,后又逐渐变黑。麻城黑山羊有有角、无角两种类型。无角羊头略长,近似马头;有角羊角粗壮,公羊角更粗,多呈弧形向后弯曲。体质结实,结构匀称;耳较大,一般向前稍下垂;成年公羊颈粗短、雄壮,母羊颈细长、清秀。头、颈、肩结合良好,前胸发达,后躯发育良好,背腰平直,四肢端正粗壮,蹄质坚实,尾短上翘。公羊6月龄左右开始长髯,有的公羊髯一直连至胸前。母羊一般周岁左右长髯。

图1-9　麻城黑山羊

（3）生产性能。麻城黑山羊平均初生体重公羔1.93千克,母羔1.75千克;哺乳期日增重公羔为96克,母羔为91克;断奶至6月龄期的日增重公羊为87克,母羊为70克;周岁体重公羊一般为27.4千克,母羊25.41千克;成年公、母羊体重一般分别约为37.0千克和36.8千克。周岁羊屠宰率为51.46%,净肉率为37.01%。

（4）繁殖性能。麻城黑山羊性成熟早,公、母羊一般在3月龄左右即表现出性行为,公羊5月龄、母羊4月龄达到性成熟,适配年龄母羊为8月龄,公羊为10月龄。母羊利用年限为4~5年,公羊利用年限为3~4年。麻城黑山羊母性好,泌乳能力强,正常情况下2年可产3胎,部分羊可达到1年产2胎。初产母羊平均产羔率为141.2%,经产母羊平均产羔率为

219.2%。

（5）产业现状。麻城黑山羊的存栏量整体呈逐年增长的趋势，核心产区在麻城市。安徽省金寨县部分村镇有零星少量养殖，群体数量较少。六安、马鞍山和池州等地有企业引进麻城黑山羊养殖，以活羊或生鲜羊肉销往上海、南京等大中城市，市场销售价格较高，养殖效益较好。

3.波尔山羊

（1）产地分布。波尔山羊是世界著名的肉用山羊品种，原产于南非的干旱亚热带地区，现已分布于中国、澳大利亚、新西兰、美国、加拿大、德国等国家和地区。波尔山羊具有性成熟早、四季发情、繁殖率高、生长发育快、产肉率高、采食力强、适应能力强等特性。

（2）外貌特征。波尔山羊（图1-10）体躯白色，头、耳红褐色，头部有白色条带，有色部位不超过肩胛骨。头大壮实，眼棕色，鼻大稍弯曲，鼻孔宽，前额突出明显。角中度长而粗壮，向后逐渐弯曲。耳大而下垂。颈粗壮、肌肉饱满。胸宽深，背长而宽深，肋骨开张良好，腰丰满。尻宽长，腿肌发达。皮肤柔软松弛，胸及颈部有较多皱褶。母羊乳房发育良好，公羊睾丸大小适中、匀称。

图1-10　波尔山羊

（3）生产性能。初生体重公羔一般为 3.0~4.5 千克,母羔 3.0~4.0 千克。6 月龄羊体重公羊 22~30 千克,母羊 18~25 千克;周岁羊体重公羊一般为 40~55 千克,母羊 30~45 千克。成年羊体重公羊一般为70~95 千克,母羊 50~65 千克。6~8 月龄活羊体重 30~40 千克时屠宰率为48%~52%,成年羊屠宰率一般为 50%~56%。

（4）繁殖性能。早熟多产,母羊常年发情,尤以春、秋两季发情最为明显。母羊 6~7 月龄性成熟,10 月龄可初配;公羊 6~7 月龄性成熟,10 月龄以上可开始配种。母羊妊娠期 146~153 天 , 经产母羊平均产羔率为180%~220%,双羔率约为 56.5%,三羔率约 30%。

（5）产业现状。我国 1995 年首次从德国引进波尔山羊,以后陆续从南非、新西兰等国家多批次引进波尔山羊。利用引进的波尔山羊杂交改良地方山羊,取得了显著效果,后代生长速度和产肉性能都有较大提高。但这样做的同时,也给地方山羊遗传资源的保护带来较大的冲击,目前纯种波尔山羊存栏量较少。

4.萨能奶山羊

（1）产地分布。萨能奶山羊是世界最著名的奶山羊品种,原产于瑞士的萨能山谷,现已广泛分布于世界各地。

（2）外貌特征。萨能奶山羊(图 1–11)全身被毛为白色,皮肤粉红色,体形呈典型的楔形,高大匀称、结构紧凑,体质结实。头、颈、体躯和腿均较长。额宽,鼻直,耳长而直立,眼大而突出。公、母羊均有须,多数无角,部分个体颈下靠咽喉处有一对肉垂。公羊颈部粗壮,前胸宽深,后躯发达,尻部发育较好。母羊胸部丰满,背腰平直,后躯发达,尻部稍倾斜,乳房发育良好,乳头大小适中。

图1-11　萨能奶山羊

（3）生产性能。初生体重公羔一般为3.5千克,母羔3.0千克左右;断奶体重公羔一般为30千克左右,母羔为20千克左右;周岁体重公羊50~60千克,母羊40~45千克;成年体重公羊75~100千克,母羊50~65千克。母羊泌乳性能良好,泌乳期8~10个月,产奶量600~1 200千克。不同饲养管理条件下萨能奶山羊产奶量差异较大,乳脂率为3.5%~4.0%,乳蛋白含量为3.3%。

（4）繁殖性能。萨能奶山羊性成熟早,8~9月龄可初配,母羊发情周期20天,发情持续期30小时,妊娠期150天,产羔率在200%左右。

（5）产业现状。萨能奶山羊的引进对我国奶山羊产业发展起到了重要作用,为西农萨能奶山羊、关中奶山羊、崂山奶山羊、文登奶山羊的品种培育做出了重大贡献。20世纪90年代,安徽省曾引进萨能奶山羊杂交改良黄淮山羊,取得了较好的效果。目前,安徽省还有部分养殖企业存栏少量萨能奶山羊,随着羊奶产业的快速发展,萨能奶山羊的存栏量有明显的增加趋势。安徽省阜阳市已引进集奶山羊养殖、羊奶加工为一体的大型奶山羊企业。

▶ 第二节　肉羊杂交利用

一 经济杂交

　　经济杂交的最直接目的是利用品种间的杂交优势生产商品肉羊,最常采用的方式有两个品种间的简单二元杂交和两个以上品种间的轮回杂交。其中,简单二元杂交后代全部用于育肥生产商品肉羊;轮回杂交所生产的后代母羊,可选择部分优秀个体留作种羊用于下轮杂交繁殖,剩下的母羊和所有公羊直接用于育肥生产商品肉羊。

　　经济杂交应根据不同地区的饲养管理水平、经济条件和市场需求等实际情况选用需要的最佳杂交组合。衡量经济杂交效果的指标是杂种优势率。杂种优势率的高低取决于杂交亲本间的配合力,更取决于经济性状的遗传力。一般来说,遗传力越低的性状杂种优势率越明显。如繁殖力的遗传力一般为 0.1~0.2,其杂种优势率为 15%~20%;肥育性状的遗传力在 0.2~0.4,其杂种优势率为 10%~15%;而胴体品质性状的遗传力为 0.3~0.6,其杂种优势率仅为 5%左右。有试验研究表明,二元杂交肥羔出售时体重比双亲体重均值提高 16.6%,三元杂交羊比纯种体重均值提高 32.5%。

　　由于经济杂交所产生的杂交后代在生活力、抗病力、繁殖力、育肥性能、胴体品质等方面均比亲本具有不同程度的提高,因而成为当今肉羊生产中所普遍采用的一项实用技术。在西欧、大洋洲、美洲等肉羊生产发达地区,用经济杂交生产羊肉的比例在 75%以上。利用杂种优势的表现规律和品种间的互补效应,一方面,可以改进繁殖力、成活率和总生产力,进行更经济、有效的生产;另一方面,可通过选择来提高断奶后羔羊的生长速度和产肉性状。

肉羊养殖场(户)在开展经济杂交过程中应注意以下几个问题：

1.杂交亲本的选择

杂交亲本的品质直接影响杂交后代杂种优势的表现,因此,利用杂交的方式生产商品肉羊对亲本的选择非常重要。杂交的母本一般多选择适应性强、繁殖力高的地方品种,父本一般选择生长速度快、饲料利用率高、屠宰率和产肉率高的引进品种。

2.杂交方式的选择

杂交方式应根据生产规模、饲养管理水平、经济状况和当地自然资源条件等实际情况选择合适的、易操作的方式。通常情况下,规模较小、饲养管理水平一般的养殖场和农户,建议采用两个品种的简单杂交方式。其方法简单且容易操作,即以地方品种母羊为母本,以引进的公羊为父本进行杂交,杂交后代育肥后作为商品羊出栏销售。规模较大、饲养管理水平较高、技术力量较强的养殖场,可以选择三元及以上的多元杂交方式,以充分实现杂交优势。

3.杂交组合的选择

生产中不能简单认为任何两个或多个品种间的杂交都会得到良好的经济效益,经济杂交的效果应在不同品种的杂交组合比较试验的基础上,通过测定初生重、断奶重、生长速度、胴体重、屠宰率、肉品质等生产性能、繁殖性能等指标来筛选,以确定最经济的杂交组合。如黄淮山羊和波尔山羊的杂交、小尾寒羊和澳洲白绵羊的杂交在实际生产中均表现较好。

4.饲养管理的选择

良种是基础,良法是保障。为发挥肉羊不同杂交亲本的各自遗传优势,必须良种、良法配套,并给杂交后代提供相应的饲养管理条件,以充分实现杂交优势。如果饲养管理条件差、方式不合理,饲料营养不能满足杂交后代的生长发育需求,即使是最佳的经济杂交组合也不一定能表现出较高的杂种优势。

二 育成杂交

当现有品种不能满足生产需要时,可以利用2个或2个以上的不同品种,根据制定的育种方案和规划路线进行杂交,最终目标是育成羊的新品种。育成杂交的基本思路是把参与杂交的不同羊品种的优良品质、特性集中到杂交后代上,尽量避免不同杂交亲本的缺陷。如常见的国外的杜泊绵羊、澳洲白绵羊和国内的简阳大耳羊、南江黄羊和鲁西黑头羊等都是育成品种。

我国专门化的肉羊品种育成工作起步较晚。目前,除近两年培育的部分品种外,我国尚没有自主知识产权的专门化肉羊品种。与国外专门化肉羊品种相比,我国大部分肉羊地方品种在繁殖性能、适应性和抗病性等方面具有优势,但普遍存在生长速度慢、屠宰率和产肉率低等缺陷,不适合专门化肉羊生产的基本要求。因此,需要引进国外优良的专门化肉羊品种,通过杂交的方式改良地方品种,以提高地方品种的生长速度、屠宰率、净肉率等肉用性能指标,并以此为基础杂交育成我国自己的专门化肉羊新品种或品系。

利用育成杂交培育肉羊的新品种,需要很长的时间,一般分为杂交改良、横交固定、扩群提高三个阶段。

1.杂交改良阶段

杂交改良阶段应首先根据国内外市场的需求,确定育成新品种的育种方向和目标,制订翔实的育种计划。级进杂交是杂交改良阶段常用的方式,也是肉羊地方品种杂交改良中常用的杂交方式,这种方式能够从根本上改变一个品种的利用方向。用引进的优良纯种公羊与本地品种一

代接一代地杂交,使杂交后代生产性能逐步接近引进品种。由于要保留地方品种肉羊的繁殖力高、抗病力和适应性强等优良特性,因此,级进代数不应过高,一般不超过4个世代。

2.横交固定阶段

在杂交改良阶段获得的大量杂交羊,根据育种方向和目标从体形外貌、生产性能、繁殖性能等方面选择理想型的羊,组建基础羊群,开展自群繁育的横交固定工作。这个阶段的主要任务是通过自群繁育,不断选择符合育种目标的羊个体,组建遗传性能稳定的羊群体。

3.扩群提高阶段

经过横交固定的杂交羊,已具有独特的明显区别于杂交亲本的特性和稳定的遗传性能。扩群提高阶段主要是建立完整的品种结构,增加新品种的个体数量,扩大新品种的分布,并通过纯种繁育方法,继续稳定和改善新品种的特性。

对育成的肉羊新品种要求体形外貌一致,遗传性能稳定,生产性能、繁殖性能、屠宰性能和胴体品质等各项指标达到或超过育种计划要求,群体数量在1.5万只以上,其中能繁母羊在1万只以上。

三 杂交利用应注意的问题

1.杂交后代的均匀性取决于能繁母羊的整齐度

用于繁殖的母羊应尽可能来源于同一品种,并且在体形外貌和生产性能方面具有一定的相似度。

2.明确杂交利用方向

根据自身羊群的现状特点及当地的自然经济条件,有针对性地选择改良品种。根据不同情况选择不同的杂交方式,应优先解决羊群所存在的最突出问题。

3.把握杂交代数和改良程度

在改良产肉、繁殖和胴体品质的同时,要尽可能保持和稳定原有品种所具有的优良特性,实现性状改良、质量提高的目标,防止改良退化,尤其是级进杂交退化。

4.杂交改良要与相应饲养管理方式配套

根据改良后代的生理和生长发育特点,制定科学的饲养管理制度,使改良后代的遗传潜力得到充分发挥,实现杂交改良的经济效果。

5.做好杂交改良的繁殖和生产性能记录,随时监测改良进度和效果

无论是级进杂交还是轮回杂交,在使用同一品种改良时,应严格避免重复使用同一只公羊或与其具有血缘关系的公羊,以防近亲繁殖,造成近交衰退。在日常管理中,应做好杂交改良的繁殖和生产性能记录,随时监测改良进度和效果,并根据需要适时调整杂交利用的技术方案。

▶ 第三节　肉羊的引种

一　品种选择

发展肉羊生产,选择合适的品种是养殖成功的关键。国内羊的品种较多,2011年版《中国畜禽遗传资源志·羊志》收录地方品种、培育品种和引进品种140余个,这些品种都各具特色,都有各自的优点和缺点。因此,如何从众多的品种中选择合适的品种就显得尤为重要。

肉羊养殖前,在选择养殖的品种时首先要充分了解本地的自然气候特点、饲草料资源状况等因素,以保证选择的品种能适应所在地区的自然环境条件;其次,要充分考虑周边市场对羊肉的不同需求和居民的消费习惯,有的地区的人喜欢绵羊肉,有的地区的人喜欢山羊肉,选择的品

种必须符合市场需求,以保证养的肉羊能顺畅销售。因此,要根据本地自然资源状况和市场需求等实际情况来选择合适的品种。

目前,安徽省山羊主推品种为波尔山羊、黄淮山羊(安徽白山羊)及其杂交后代,绵羊主要是湖羊、小尾寒羊、杜泊绵羊、澳洲白绵羊及其杂交后代等。确定好品种后,就可以考虑引种。

1.引种前要考虑生长环境适应性

首先要注意的是引种羊原产地的气候、地形、植被等要与本地环境差异不大,这样羊才能尽快适应新环境、缩短驯养时间。建议就近引种。在引进新培育的或从国外引进肉羊良种时,要认真查阅资料,听取各方面意见,如果本地条件适宜其生长,可先引进少部分试养,条件成熟后再大批量引进。

2.引种要避免盲目性

随着经济的发展,市场对羊肉产品的需求越来越大。但由于市场调节,羊及其产品的价格在市场上会有所起落。因此,在引种前要做好市场调查,搞清所引进品种的市场潜力,有发展前景的则可以引进,没有前景的就不能引进,盲目引种会导致养殖失败。

3.应引入已育成的品种

种羊市场存在很多不规范的地方,引种时一定要引进已育成的、生产性能优良的品种,不可引进杂交肉羊。杂交肉羊生产性能和遗传性不稳定,不宜作种用。引进的羊要求健康,发育良好,四肢粗壮,四蹄匀称,行动灵敏,眼大明亮,无眼屎,眼结膜呈粉红色,鼻孔大,呼吸均匀,呼出的气体无异味,鼻镜湿润,被毛光滑、紧凑、有光泽;排尿正常,粪便光滑、呈褐色、稍硬。母羊要求乳头排列整齐,体躯长,外表秀丽,具有典型母性特征。公羊要求睾丸发育良好,无隐睾或单睾,叫声洪亮,外表雄壮,具有典型雄性特征。

4.注意引种的季节

最适宜引种的季节是春季和秋季,因为这两个季节气候温暖,雨量相对较少,地面干燥,饲草丰富。冬季水冷草枯,缺草少料,引种羊经过长途运输,一方面要恢复体质,适应新环境;另一方面要面对冬季恶劣的气候,导致成活率较低,因此冬季不宜引种。夏季高温多雨,空气相对湿度大,肉羊怕湿热,运输时易发生中暑,因此夏季也不宜引种。

5.注意疫病防控

肉羊引种前要先到引种地调查了解当地肉羊疫病流行情况,严禁到疫区引种。对准备引进的羊要进行严格的检验检疫,做到场地检疫证、运输检疫证和运载工具消毒证"三证"齐全。种羊引进后,应在专门的隔离羊舍隔离饲养半个月以上,如未出现异常情况,方可混群饲养。

6.引种要找信誉好的单位

引种前应亲自到多家供种单位考察其场区环境、管理条件、信誉状况及种羊的市场行情,切不可轻信网络上各种广告的超低价虚假宣传,以防上当受骗。近年来,每年都发生多起因轻信网络搜索结果,被低价种羊诱惑而上当受骗的事件。建议引种时根据就近原则,选择附近的、规模较大的、信誉较好的供种单位,并且要求供种单位签订供种协议,并提供发票等手续,以避免纠纷。

总之,引种是肉羊养殖的基础,也是羊场建设过程中投资较大的部分,应综合考虑各方面的问题,所有问题都应该予以高度重视,避免因一个或几个小环节考虑不周而造成重大的经济损失。

二 引种前的准备

1.制订引种计划

在认真研究引种的必要性、明确引种的目的后,应根据自身经济条

件制订引种计划。计划中应至少明确引入什么品种,从什么地区引进,引入数量,公、母比例等具体内容,同时要考虑什么时间选种、什么时间运输、怎么隔离等一系列引种环节,并认真落实到人。

2.准备隔离羊舍

在引种前多数企业或养殖场(户)都会准备羊舍,但常常会忽视隔离羊舍的准备,往往引种后直接混群饲养,这存在着很大的疫病防控风险。正确的做法是:引种前应在羊场生产区的下风口设置相对独立的隔离区,并建设隔离羊舍。刚引进的羊应在隔离羊舍隔离观察饲养15天以上,没有疫病发生后才可以正式进入生产区混群饲养。

3.检查羊群健康状况

随着交通便利程度的提高,市场羊的交流越来越频繁,因引种引入传染性疫病的风险也越来越大。为保证引种安全,引种前应选派专业人员深入所引品种的公司或养殖场,全面了解所引品种的种质特性、繁殖性能、饲养管理方式、饲草料种类、疫病防治及健康状况等基本情况。要求对方提供必要的检疫证明,确保引种羊健康,没有传染病。不宜从不能提供检验检疫证明的羊场引种,不可到羊的交易市场或集市上选购种羊。

三 种羊选择

主要根据体形外貌来选择种羊,结合种羊系谱考查生产性能,种羊应健康无病,个体体形外貌应符合品种标准。

1.体形外貌

种羊的毛色、头形、角形和体形应符合相应的品种标准。选择的种羊体质要结实,膘情和体况良好,前胸宽深,四肢粗壮,后躯丰满。公羊要求头大,眼大而有神,性欲旺盛,睾丸匀称,不得是单睾或隐睾羊。母羊要求背腰平直,乳房发育良好、大小匀称。

2.年龄

通过查阅供种单位的相关生产记录和系谱档案资料,了解所引种羊的年龄;没有记录可以查阅的,可通过查看羊牙齿的发生、换牙、磨损及脱落等情况进行初步判断。主要看羊下颚的4对门齿,参考口诀:"一岁始换牙,两岁一对牙,三岁两对牙,四岁三对牙,五齐、六平、七斜掉一牙。"一般建议引进1周岁左右的青年种羊。

3.健康状况

健康羊活泼好动,眼睛明亮有神,被毛光泽顺滑,食欲旺盛,呼吸、体温正常,四肢有力。病羊被毛粗乱没有光泽,精神沉郁、呆立,食欲下降或废绝,呼吸急促,体温升高或降低,等等。

4.个体选择

引入的种羊个体间不得有血缘关系,公羊应来自不同家系,以利于扩大遗传基础和以后的选配、选育工作。同时,要结合系谱档案详细了解个体的生长发育状况和遗传稳定性,有遗传缺陷的种羊个体不得引入。

第二章　羊场建设与设施设备

羊场及配套设施建设是肉羊生产固定资产投资最关键的环节,需要花费大量人力、财力、物力,在建设前应充分考虑羊场的选址以及所在地的地形地貌、水文气象、气候环境、水电条件、饲草供给、交通运输等各种要素,按照科学、实用和可操作的原则,合理规划羊场内的管理区、生活区、生产区、饲料生产加工和贮存区、隔离区、病死羊及粪污无害化处理区等功能区的布局,整个场区尽量做到整齐有序、物流顺畅。

▶ 第一节　选址与布局

一　选址

羊场场址的选择直接关系到养羊的成败和经济效益,也是羊场规划设计时遇到的首要问题。选择场址时,应综合考虑所在地的地势、地形、地貌、土质、水源、饲草料条件以及周边的环境、交通、电力等配套保障条件。理想的场址应基本具备以下条件:

1.符合国家和地方城镇发展规划

场址应选择在政府规划的适宜养殖区域,土地使用应符合畜禽规模养殖用地规划及相关法律法规要求,建场前应联系当地村镇政府和土地管理部门了解所选场址的土地性质是基本农田、一般农用地还是其他属性,了解所选场址是否位于禁养区或限养区。切不可根据自己或他人的经验,轻易认为所谓的"荒地"可以随便建羊场,以免最后因为土地属性的问题,导致羊场变成违法建筑而被强制拆除,从而造成重大损失。

2.符合《中华人民共和国动物防疫法》等相关规定

按照《中华人民共和国动物防疫法》和各地方省市标准化畜禽养殖场建设规范等相关规定,一般要求养殖场所处位置应距离生活饮用水水源地、居民生活区、文化教育科研等人口集中区域、公路、铁路、其他畜禽养殖场等 500 米以上,距离种畜禽场、屠宰场、无害化处理场等 1 000 米以上。

3.地质水文满足建设要求

所选羊场建设地块要求土地坚实、地势高燥、平坦、开阔、向阳背风、利于排水。所选场址地下水位应在 2 米以下,土质为壤土最好。饮用水的水源应清洁、无污染,水质应符合畜禽饮水水质标准。羊场地形要求开阔、规整,有足够的面积。地形不规则,不利于合理规划、布局和组织生产。平原地区建场应注意所在地年极限降水量,防止水涝。丘陵和山区建场应注意短时间强降水导致的泥石流和塌方等地质灾害对羊场的影响。

4.资源满足生产规模需要

应选择在水、电、饲草料尤其是粗饲料供应有保障的区域建场,要求交通有保障。所选地址水源应充足,能满足羊场人畜饮用和其他生产生活用水需要。根据规模大小,羊场用水应保证每只成年羊每天 3 千克左右,大规模羊场应建设备用水塔。目前,羊场常用到铡草机、粉碎机、饲料混合机、电动撒料车、电动清粪机等机械设备,因此,必须保障羊场的电力供应,规模较大的羊场应架设专门的单独的变压器,有条件的应配备应急发电机组。

羊场建设所在地要求交通便利,方便羊场所需的青粗饲料、精饲料以及羊只运输,道路要能满足 10 吨以上大型车辆进出场需要。羊场选址

还应考虑区域种植业的品种特点,要有农牧结合思想,保障羊场四季草料的均衡供给。羊场周边5 000米内应有玉米、大豆、花生等农作物,为农作物秸秆等粗饲料的供给提供便利,同时可解决农作物秸秆对环境的污染,实现种养结合可持续协调发展。

二 布局

在满足生产要求的前提下,羊场场区布局应本着因地制宜、合理利用地形的原则,努力做到节约用地、全面考虑粪污处理利用和后期发展需求等。根据地势高低、水流方向和主导风向,一般可按照生活管理区、生产区、粪污处理及隔离区等三个功能区进行规划布局建设。

1.生活管理区

生活管理区应建设在场区常年主导风向的上风处,与生产区应有30米以上的间隔距离。生活管理区主要建设办公室、人员食宿设施、饲料加工及仓库、兽医药品库、消毒室等。粗饲料库应建在地势较高处,并与其他建筑物保持一定的防火距离,兼顾由场外运入,再运到羊舍两个环节。生活管理区入口处应设置车辆消毒池和门卫室。

2.生产区

生产区应设在场区的下风位置,应建设种公羊舍、空怀母羊舍、妊娠母羊舍、分娩羊舍、育成羊(羔羊)舍、更衣室、消毒室、药浴池、青贮窖(塔)等设施。育成羊(羔羊)舍应设在生产区的上风向。羊舍的一端应铺设污道,用于粪污及病死羊的运输。饲养管理人员、饲料车及健康羊等走专门的净道。污道和净道不得交叉,不得共用。生产区入口处应设置人员消毒间和车辆消毒池。

3.粪污处理及隔离区

粪污处理及隔离区主要包括隔离羊舍、病死羊及粪污处理设施。粪污堆放和处理应安排专门场地,应在羊场下风向建设堆粪棚。堆粪棚四周墙高 1 米以上,要求不渗漏、不淋雨,有条件的规模羊场可考虑建设有机肥处理场。病羊隔离舍应建在羊舍的下风、低洼、偏僻处,要求与生产区保持 500 米以上的间距;堆粪棚、尸坑和焚尸炉距羊舍 100 米以上。但受土地资源等条件限制,有时很难完全达到以上距离要求,可以考虑采取种植隔离树木、开挖防疫壕沟或建设隔离墙等防护措施。

第二节　羊舍建筑类型及样式

一 羊舍建筑

1.羊舍建筑的基本参数

(1)羊只占地面积。羊只的占地面积取决于羊的生产类型、用途和当地的气候条件,原则上要求能保证羊舍内通风良好,冬季能防寒保暖,夏季能防暑降温。面积过大易造成建筑成本的提高,也不利于冬季的保温。面积过小则会限制羊的活动,造成羊舍内拥挤、潮湿和空气污浊。圈舍内的面积一般要满足种公羊 4~6 米²/只、妊娠母羊和哺乳母羊 2 米²/只、后备及空怀母羊 1.5 米²/只、育肥羊 1 米²/只。山羊舍、种羊舍应配套建设室外运动场,运动场的面积一般按圈舍内面积的 2~3 倍建设。

(2)羊舍跨度和长度。羊舍的跨度不宜过宽,双列式羊舍的跨度一般为 8~10 米。羊舍的长度没有严格限制和要求,主要根据地形来确定,一般为 40~80 米,但考虑到生产和管理的便利不宜超过 100 米。多数羊舍中间是走道,通行饲养人员和撒料车辆等,一般宽 2~3 米。

(3)羊舍高度。羊舍的高度根据不同地区的气候特点有所不同。在夏季不太炎热的地区,一般羊舍屋檐高 2.5 米左右。夏季高温、高湿地区,屋檐高 3 米左右。夏季不太热但冬季十分寒冷的地区,屋檐高 2 米左右。羊

舍高些有利于舍内空气的流通,但过高不利于保温,同时增加了建筑成本。

2.羊舍建筑的基本要求

(1)地面。多数羊舍内人员通道一般是水泥地面,有利于清扫、消毒等。羊圈内的地面一般用的是漏粪地板,主要有木、竹、水泥和塑料漏粪地板等。木制漏粪地板,多在山区或木材价格较便宜的地区采用,主要是自己制作和铺设。竹制漏粪地板,现在已有工业化生产,可以根据需求进行定制。竹制漏粪地板较木制的更结实耐用。水泥、塑料漏粪地板是最近几年出现的工业产品,主要优点在于耐用,不易腐蚀,便于清洗和消毒。

(2)墙。墙在羊舍保温方面起着重要作用,材料有砖、石头、土、水泥、木材等。建筑材料应就地取材,但要求坚固耐用、保温性能好、易清洗消毒,多数地区采用砖墙。也可下半部分用砖砌 1~1.5 米高,然后上半部分用夹心彩钢瓦。

(3)屋顶。屋顶主要起防水、保温隔热、承重等作用,使用的材料包括陶瓦、石棉瓦、彩钢瓦等,现在主要使用彩钢瓦。一般要求彩钢瓦夹心厚度在 8~10 厘米,冬季寒冷的地区可以增加厚度。屋顶应安装无动力通风帽,以增强舍内通风效果,降低舍内氨气等污浊气体的浓度。

二 羊舍的基本类型

羊舍的类型根据不同的自然条件、饲养品种、饲养方式、养殖规模和经济条件等而有所不同。

1.房屋式羊舍

房屋式羊舍是较常采用的羊舍类型之一,多在北方地区的平原和土质不好的地区使用。羊舍坐北朝南,在建造时主要从保温的角度考虑。羊舍主要为砖瓦结构,墙壁用砖砌成。屋顶有双面起脊式、单面起脊式和平顶式三种。一般为封闭式,有严密的屋顶,羊舍四面均有墙壁和门窗。冬季可关闭门窗保温,夏季可打开门窗通风和降温。

2.高床式羊舍

高床式羊舍是目前最常用的羊舍类型。主要是在南方气候炎热和多雨潮湿的地区使用,羊舍多采用钢架结构,具有通风、防热、防潮性能好等特点。羊床多以木板、竹片铺设,间隙1~1.5厘米,也可使用工业生产的水泥或塑料制品铺设。羊床离地面高度一般在80~100厘米。羊粪通过漏缝地板掉落在地面上,有条件的还可以用刮粪板把羊粪刮到集粪池,以便于粪便处理。用刮粪板等机械清粪的,羊床离地高度可以适当降低,一般不应低于50厘米;人工清粪的,应适当提高羊床高度,以便于人工作业。

3.大棚式羊舍

大棚式羊舍类似于常见的蔬菜大棚,主要用水泥杆、轻型钢管或管材等材料做骨架,做成立柱、拉杆、拱杆及压杆,上面再覆盖保温材料、塑料薄膜防水材料等,特点是造价低,常用作全舍饲或半放牧半舍饲育肥羊生产。半放牧半舍饲时,羊舍夏季可作为凉棚,冬季、雪雨天和晚上可作为补饲的场所。

▶ 第三节　羊场设施设备

一 饲槽与饲草架

饲槽可用砖和水泥砌成,也可用木料、塑料制成。水泥饲槽一般靠羊的一面设有栏杆,木饲槽可单独放置在栏杆之外。成年母羊的饲槽,高40厘米,深15厘米,上部宽45厘米,下部宽30厘米。羔羊饲槽一般高30厘米,深15厘米,上部宽40厘米,下部宽25厘米。为了减少饲料的污染和

干草的浪费,可采用饲草架。为了防止饲料污染导致羊腹泻可采用精饲料自动饲槽,羊只能从 20 厘米宽的缝隙中采食精饲料。随着肉羊养殖规模化程度的提高,尤其是全混合日粮技术的应用,目前生产中饲槽与饲草架基本合二为一,饲槽既可以喂草料,也可以喂精饲料。

二 圈舍栅栏型

羊舍内的栅栏,材料可用木料,也可用钢筋或镀锌管,形状多样。公羊舍栅栏高 1.2~1.3 米,母羊舍栅栏高 1.1~1.2 米,羔羊舍栅栏高 1 米。靠饲槽部分的栅栏,每隔 30~50 厘米的距离,要留一个羊头能伸出去的空隙。该空隙上宽下窄,母羊用的上部宽为 15 厘米,下部宽为 10 厘米;公羊用的上部宽 19 厘米,下部宽 14 厘米;羔羊用的上部宽 12 厘米,下部宽 7 厘米。

三 水槽、自动饮水器

水槽要便于清洗,底部要有放水孔,一般建议安装羊用自动饮水器,这样既可节约用水,也能保证饮水的清洁和卫生。自动饮水器一般安装在饲槽的对面墙上或栅栏上,根据圈内养殖羊的数量,一个圈内可以安装 1~2 个。羊用自动饮水器由触碰式出水龙头和饮水碗组成,当羊嘴或舌头触碰到出水龙头时,水管中的水就会流到饮水碗中,羊即可饮用。

四 运动场

运动场面积根据实际情况确定,一般不小于羊舍面积的 2 倍,选择易于排水的沙质土壤为宜或在地面铺设一层红砖。运动场周围设围栏,围栏要结实,高度在 1.5 米以上,四周应建有排水沟,做到中央高、四周低,具有良好的渗水性,易于保持干燥。一般山羊养殖场应配套建设运动场,以满足山羊活泼好动的生物学特性。绵羊养殖场的种羊舍,尤其是种公羊舍建议建设配套的运动场,以增加种羊的运动量,提高其免疫力和抗病力。

五 机械设备

用工难、用工贵是目前规模化羊场遇到的较大问题。因此,规模羊场应购置相应的机械设备,尽量减少用工数量,提高劳动效率。常用的机械设备主要包括秸秆粉碎机、饲料粉碎机、混合机、制粒机、全混合日粮混合搅拌机、撒料车、青贮打捆裹包机等。

1.秸秆粉碎机

秸秆粉碎机是羊场青贮饲料制作、农作物秸秆粉碎的必备机械。秸秆粉碎机的工作原理是利用高速转动的固定刀片将秸秆等粗饲料切碎,通过调节刀片间距及转速可以控制秸秆等粗饲料的切碎长度。不同厂家生产的秸秆粉碎机由于刀片排列位置和刀片质量的不同,其生产性能有较大的差异。规模羊场应根据各自羊群数量及需要粉碎的秸秆数量来选用不同生产性能的秸秆粉碎机。一般电机功率越大的秸秆粉碎机加工能力越大。

2.饲料粉碎机

饲料粉碎机主要是用来粉碎玉米等精饲料原料的。羊场常用锤片式粉碎机,这种机器利用高速旋转的锤片击碎玉米等饲料原料。锤片式粉碎机结构简单,通用性强,生产效率高,使用较安全。使用锤片式粉碎机时应选择合适孔径的筛网,在粉碎玉米等谷物饲料时,一般建议筛网的孔径为3毫米。筛网的孔径过小,原料粉碎过细,不仅降低了生产效率,增加了能耗,还会因为过细的原料在羊瘤胃内快速降解,引起瘤胃pH快速下降,易导致羊瘤胃酸中毒。筛网的孔径过大,原料粉碎过粗,虽然提高了粉碎的效率,但降低了羊对饲料的消化利用率。

3.混合机

在肉羊日粮尤其是精饲料的配制过程中,为保证日粮营养的全面和均衡,除了使用玉米、麸皮、豆粕等大宗原料外,还需要添加少量甚至微量的磷酸氢钙、食盐、维生素、矿物质等,如果人工混合不仅费时费力,而且不容易混合均匀。混合机能够保证各种原料混合的均匀度,同时可提高劳动效率。使用混合机时要注意投料的次序,一般是先投大料,如玉米粉、豆粕、麸皮等,然后再投小组分料,如预混料等。

4.制粒机

制粒机常见的有平模制粒机、环模制粒机。单纯的精饲料制粒选用环模制粒机,草粉或者草粉加精饲料混合后制粒的选用平模制粒机,一般羊场建议使用平模制粒机。平模制粒机通过电机带动平模转动,在平模上的压辊也随着转动,将饲料从平模孔中挤出,在出口经切刀切断,形成大小较匀称的颗粒。颗粒的大小取决于平模的孔径,长度可通过调节颗粒饲料出口处切刀的位置来控制。羊用颗粒饲料的平模孔径一般为0.8厘米,长度为1.5~2.5厘米。

5.全混合日粮混合搅拌机

借鉴奶牛全混合日粮生产技术,根据不同生产阶段肉羊的营养需要,按设计的日粮配方,将粗饲料、青贮饲料、精饲料等各种饲料原料用全混合日粮混合搅拌机进行混合和搅拌。常见的全混合日粮混合搅拌机根据其绞龙的特点分为卧式和立式,根据动力的不同分为牵引式、自走式和固定式,一般羊场建议使用立式的固定式混合搅拌机。立式的固定式混合搅拌机为立桶式结构,动力需要三相电,通常安装在饲料加工间,要求饲料贮存集中、取运便利,饲料混合搅拌后用撒料车运到羊舍进行饲喂。

6.撒料车

专用的自动撒料车有水平绞龙和传送带式，可以实现快速投喂，结构简单,操作方便。羊场最常使用的是可反复充电的电动撒料车，多数为单侧自动投料。电动撒料车工作过程中噪声较小,要求羊舍中间过道宽度在 2.5 米以上,过道宽度过小易造成撒料车碾压投喂的饲料。

7.青贮打捆裹包机

青贮打捆裹包机由打捆机、包膜机组成,一般与秸秆粉碎机联合使用生产青贮饲料。经秸秆粉碎机粉碎的青贮原料,通过传送带运到打捆机内,打捆机将粉碎的原料挤压成紧实的圆柱状草捆,捆绑上麻绳后自动转至包膜机包裹上可拉伸膜。青贮打捆裹包机的最大优点是可以随时随地利用零散的青贮原料制作青贮饲料。在使用裹包青贮饲料时应注意挑拣出捆绑用的麻绳和包裹用的拉伸膜,防止被肉羊误食。

（六）辅助设施

羊场除了需要上述主要设施外,为保障安全高效生产,还应建设监控、消防、饲草料仓库以及粪污无害化处理等配套设施。

1.监控系统

监控系统在规模羊场已开始普遍使用,该系统主要由监视和控制两部分组成,但肉羊生产中主要使用监视功能。监视系统主要由摄像头、信号分配器和监视器三部分组成,成本主要取决于摄像头和监视器的质量和数量。对羊场而言,较高分辨率的摄像头和普通监视器就能满足监控需要。

2.消防设施

规模羊场应加强防火意识,须制定严格的消防管理制度。在场区尤其是在堆放易燃的干草料仓库等关键场所,应配备足量的消防器材和完善的消防设施,如灭火器、消防水龙头等。

3.药浴池

药浴池呈长方形,砖混或水泥筑成,池深1米,长10米左右,池底宽50~60厘米,池口宽60~80厘米,以一只羊能通过但不能转身为度。药浴池入口端呈陡坡,出口端筑成台阶并设滴流台。

4.草料库

草料库位于生产区内、羊舍的上风向处。建筑应便于人员和车辆进出取用草料,一般采用彩钢瓦的框架结构。草料库应设防火门,外墙应有消防设施,要求通风良好和防雨防潮,面积应满足存放羊场所有羊3个月左右饲草的需要量。

5.饲料加工间及仓库

饲料加工间用来加工饲料,仓库主要包括原料库、成品库等。原料库的大小根据羊群1个月左右所需的原料确定,成品库可略小于原料库。库房内必须干燥、通风良好。库内地面应高于室外30厘米以上,地面以水泥地面为宜,房顶应能隔热、防火和防鼠。原料或成品堆放处应铺设垫仓板,不宜直接堆放在水泥地面上,以免底层原料或成品受潮而发霉变质。

6.青贮池或青贮窖

青贮池或青贮窖应建设在地势高燥处,最好使用钢筋混凝土结构,以防倒塌。窖或池一般多为长方形,大小可根据饲养规模、饲喂量确定,1只成年羊应建设0.4米³以上青贮窖(池),每个窖(池)大小以1~2天能将青贮物料填装完毕为原则。有条件的也可以不建设青贮窖(池),而购置成套裹包青贮加工机械设备。该设备主要包括粉碎机、打捆裹包机等,利用裹包青贮技术生产青贮饲料,堆放在草棚内或其他干燥平坦的地方即可。

7.更衣室和消毒室

更衣室和消毒室位于生产区入口处,内设紫外线消毒灯、自动喷雾消毒系统、洗手盆和脚踏式消毒池等常规消毒设施。

8.粪便污水处理设施

羊场建设时,应重点考虑羊粪、垃圾、病死羊、医疗废弃物等对羊场自身及周围环境的影响,在生产区下风口配套建设粪污处理区和病死羊的焚烧炉或填埋井。粪污处理区及病死羊填埋井的地面应做防渗漏处理,同时注意避免积水。

▶ 第四节　羊场粪污的处理

羊粪是一种速效、微碱性的肥料,具有有机质多、肥效快、适于各种土壤施用等特点。目前,羊场粪污主要用作农作物肥料,即羊粪经传统的堆积发酵处理后还田。有条件的可以将羊粪与经过粉碎的秸秆、微生物菌种搅拌均匀后,利用生物发酵技术对羊粪进行生物发酵,制成有机肥对外销售,用于蔬菜、果树、茶叶等种植。

一　粪污处理基本原则

1.减量化原则

根据粪污来源,通过饲养工艺及相关技术设备的改进和完善,减少羊场粪污的产生量,不仅可以节约资源,也可以减少粪污的后期处理投入和运行成本。

2.资源化原则

羊的粪污中含有氮、磷、钾等养分,经过适当处理后可作为土壤改良剂或农作物生长所需的有机肥,资源化利用可实现废弃物处理和资源开发双效益。

羊粪还可以作为蚯蚓的饵料,是大规模生产蚯蚓的最佳用料,不需

任何投资和设备,利用一块空闲地,只要把未经发酵的羊粪做成高 15~20 厘米、宽 1~1.5 米、长度不限的堆,放入蚯蚓种,盖好稻草,遮光保湿,就可养殖。

3.无害化原则

羊的粪污中含有各种杂草种子、寄生虫卵、某些化学药物、有毒金属、激素及微生物,其中不乏病原微生物甚至人畜共患病原。如果不进行有效处理,将对动物和人类健康产生极大的威胁。因此,必须对羊的粪污进行无害化处理后才能充分利用。

二 羊的粪污堆积发酵技术

羊粪堆积发酵就是利用各种微生物的活动来分解羊粪中的有机成分,有效地提高有机物质的利用率,这也是目前羊场最常用的方法。

1.场地要求

羊粪堆积场地为水泥地或铺有塑料膜的地面, 也可在水泥槽中填放。堆粪场地面要防渗漏,要有防雨设施。堆粪场地大小可根据实际情况而定。

2.羊粪清理与收集

由于羊粪相对于其他家畜粪便而言含水量低,故羊场的羊粪大多采用固态干粪机械或人工清粪方法,定期或一次性清除。由于直接清除干粪养分损失小,因此很少采用水冲式清粪。

(1)机械清粪。机械清粪就是利用专用的机械设备替代人工清理出羊舍地面的固体粪便, 机械设备直接将收集的固体粪便运输至羊舍外,或直接运输至粪便贮存设施。

刮板清粪是机械清粪的一种,已在大部分规模羊场使用。刮板清粪装置安装在漏缝地板下的粪槽中,清粪时,刮板在粪槽内单向移动,将粪槽内的粪便刮到羊舍外污道端的集粪池中, 然后再运至粪便贮存设施中。

用刮板装置清粪具有以下优点:可随时清粪,时刻保持羊舍内清洁;机械操作简便,工作安全可靠;刮板高度及运行速度适中,基本没有噪声,对羊不造成负面影响;运行和维护成本低等。但牵引刮板的钢丝绳与粪尿接触容易被腐蚀而断裂。

(2)人工清粪。人工清粪即通过人工清理出羊舍地面的固体粪便。人工清粪只需用一些清扫工具、手推粪车等简单设备即可完成。

羊舍内的固体粪便通过人工清理后,用手推车送到贮粪设施中暂时存放。该清粪方式的优点是不用电力,一次性投资少,缺点是劳动量大,生产效率低。因此,这种方式较适用于农户养殖和小规模羊场。

三 羊粪堆积发酵方法

1.堆积体积

将羊粪堆成长条状,在做堆时不宜做得太小,太小会影响发酵,高度在 1.5~2 米,宽度 2~3 米,长度根据场地大小和粪便多少而定。一般情况下,1 只成年羊 1 年排粪便 750~1 000 千克,可根据饲养量来确定堆粪场地的大小。

2.堆积方法

先比较疏松地堆积一层,待堆温上升到 60~70 ℃时,保持 3~5 天,或待堆温自然稍降后,将粪堆压实,然后在上面再堆积一层新鲜羊粪,如此层层堆积到 1.5~2 米高为止,用泥浆或塑料膜密封。在多雨季节,粪堆覆盖塑料膜可防止粪水渗入地下污染环境。

在经济发达的地区,多采用堆肥舍、堆肥槽、堆肥塔、堆肥盘等设施进行堆肥,这样处理的优点是腐熟快、臭气少、可连续生产。

发酵过程中注意适当供氧与翻堆,温度控制在 65 ℃左右,温度太高对养分有影响。发酵物料的水分应控制在 60%~65%。水分含量过低、过高

均不利于发酵,水分含量过低,发酵慢;水分含量过高会导致通气性差、升温慢,并产生臭味。水分含量过高时可添加秸秆、锯末屑、蘑菇渣、干泥土粉等。一般用手紧抓一把物料,指缝见水印但不滴水,落地即散,说明物料水分含量较合适。

3.翻堆

为保证堆肥质量,其含水量超过 75% 时最好中途翻堆,含水量低于60% 时建议加水。翻堆能使堆肥腐熟一致,能为微生物的繁殖提供氧气,并将堆肥所产生的热量散发出来,有利于堆肥的腐熟。当堆温在 70 ℃以上时,应立即翻堆;当堆温达 60 ℃时,保持 48 小时后开始翻堆。翻堆要翻得彻底均匀,同时根据堆肥的腐熟程度确定翻堆的次数。

4.堆肥时间

堆肥在密封后 3~6 个月即可启用。

5.通风措施

大多数微生物是好氧微生物,而堆肥的含氧主要是通过通风实现的,为保证堆肥微生物的生长,促进发酵过程,可适时翻堆和搅拌,也可在料堆中竖插或横插适当数量的通气管。

第三章

肉羊饲养管理

▶ 第一节　羊的生物学特性

羊是一种草食性反刍动物,有着明显的区别于猪、家禽等非反刍动物的特殊消化生理特点和不同的生活习性。充分了解和准确掌握羊的生物学特性,并在饲养管理过程中严格遵循其规律,可以有效降低肉羊养殖的成本,提高养殖的经济效益。

一　羊的生活习性

1.合群性强

羊属群居性动物,性情温顺,便于调教,合群性较强,尤其是绵羊的合群性更强,特别容易建立起相应的群体结构。肉羊主要通过视觉、听觉、嗅觉和触觉等感官活动来传递和接收各种信息,以保持和调整群体成员之间的活动。同一品种,放牧羊的合群性比长期圈养的羊要好。由于羊合群性强,生产中当个别或少数羊受到突然的惊吓而四处乱窜奔跑时,其他羊也会跟随狂跑,从而引起"炸群",饲养管理时应注意尽量予以避免。

2.适应性强

羊的适应性很强,具有耐粗饲、耐渴、耐寒、抗病力强等特点。放牧条

件下,各种羊只要吃饱饮足,一般发病较少。在舍饲条件下,绵羊的适应性比山羊强。但在满足山羊各阶段营养需要的情况下,山羊舍饲也完全可行。如湖羊除在原产地江苏、浙江和上海等省市表现良好以外,在引入地内蒙古、新疆、广西等地也表现出良好的适应性。

3.采食能力强

山羊牙齿锋利,嘴唇薄且灵活。山羊可以靠后肢站立起来,有助于其采食高处的灌木或乔木的低矮枝叶。山羊喜欢吃短草、树叶和嫩枝。绵羊嘴尖,上唇运动灵活,下颚门齿向外倾斜,可以啃食地面的短草。山羊一般喜抬头采食,绵羊喜欢低头采食。生产上,应根据饲养的绵羊或山羊而设置不同高度的食槽位置,使饲养的肉羊采食比较舒适。

4.饲料利用性强

羊采食植物的种类较多,一般可采食的植物占植物种类总数的80%以上,天然牧草、灌木、农作物秸秆、农产品加工副产品等均可以作为羊的饲料来源。这也是羊能适应各种生态环境、分布区域广泛的重要原因。

羊饲料利用性强的另一个方面,主要体现在羊的瘤胃很大,成年羊的瘤胃体积约占全胃的80%。瘤胃内的细菌、真菌和纤毛虫等微生物品种繁多,粗纤维消化率高,可以把非蛋白氮转化为菌体蛋白,同时还可以合成维生素。羊的肠道长度大于其他家畜,约为自身体长的27倍,对营养物质吸收利用较完全。

5.喜干怕湿

羊的汗腺不发达,体表散热能力较差,尤其高温湿热对羊的影响更大。因此,羊的放牧场地、圈舍和运动场等地要求保持干燥。一般山羊较绵羊耐湿热,在高温高湿的南方较适宜养殖山羊。建议在地势高燥、通风良好、排水顺畅的地方建设高床羊舍。

6.嗅觉灵敏

羊的嗅觉十分灵敏,在采食时,主要通过饲草料的气味判断可食还是不可食。母羊主要通过嗅觉辨别自己生产的羔羊,视觉起辅助作用。羔羊刚出生时,母羊在舔食羔羊身上黏液的过程中,熟悉羔羊的气味。羔羊在吃乳时,母羊,尤其是山羊的母羊会首先通过嗅觉识别羔羊是不是自己所生,如果不是,会拒绝哺乳。据此,在羔羊寄养时,应首先在被寄养羔羊身上涂抹保姆羊的奶水或尿液。

二 羊的消化特点

1.消化器官特点

羊是反刍动物,有瘤胃、网胃、瓣胃和皱胃4个胃,其中瘤胃、网胃和瓣胃没有腺体组织,不能分泌胃酸和消化酶等,对饲草料主要起发酵和机械性消化作用。皱胃内有很多腺体,能分泌胃酸和胃蛋白酶等消化酶,对饲草料进行化学性消化。成年山羊4个胃的总容积约为16升,绵羊胃的总容积约为30升,其中瘤胃最大,瓣胃最小。值得注意的是,初生羔羊瘤胃、网胃、瓣胃3个胃发育不完善,微生物区系不健全,不能消化粗纤维。随着日龄的增长,羔羊的瘤胃、网胃和瓣胃不断发育,在10~14天开始补饲精饲料和易消化的优质牧草,可以促进瘤胃发育和瘤胃微生物区系的建立。羔羊如果不及时补饲饲草和饲料,会影响瘤胃发育和微生物区系的建立,从而造成瘤胃发育迟缓。

2.反刍特点

反刍是指反刍动物在食物消化前把食团吐出经过再咀嚼和再咽下的活动。反刍是羊的重要消化生理特点,反刍停止是患病的症状。羊是反刍动物,采食饲草和饲料时,匆匆吞下,约在1小时后,再从胃中通过食管逆呕进入口腔,慢慢嚼碎后再咽,俗称"倒嚼",一般分为逆呕、再咀嚼、

再混合唾液和再吞咽 4 个过程。反刍是羊的正常生理表现，羊一天共进行 18~22 次反刍，总用时大约 8 小时，一般白天反刍 7~9 次，晚上反刍 11~13 次。羊反刍的次数、反刍持续的时间与所采食的饲料种类、品质及羊的体况等有关，一般采食粗纤维含量高的饲料时反刍时间长。成年羊一般在采食后 30~60 分钟开始反刍，羔羊在采食后 2 小时左右开始反刍。羊在安静状态时，反刍时间较规律，当患病或因外界刺激受到惊吓时，反刍节律会紊乱或停止，引起瘤胃鼓气，从而影响羊的健康。因此，为保证肉羊正常的反刍行为，生产管理中应注意保持羊舍环境的安静，避免羊受惊扰。

3.瘤胃微生物消化特点

瘤胃是反刍动物特有的消化器官，它不能分泌消化液，消化功能主要通过瘤胃内大量的微生物区系活动来实现。瘤胃内微生物主要有细菌、纤毛虫和真菌等，每毫升瘤胃内容物中含有细菌 10^{10}~10^{11} 个，原虫 10^5~10^6 个，微生物与宿主之间、不同微生物与微生物之间形成复杂的生态系统。不同来源、不同种类的饲料，消化所需的微生物区系不同，改变羊的饲喂日粮时瘤胃微生物区系也会发生变化。因此，在羊日常管理中应保持日粮及其组成的相对恒定，更换日粮应逐步过渡，突然变换日粮易造成羊的消化道疾病。羊采食的饲草、饲料中的粗纤维 70%~95% 由瘤胃消化。

瘤胃微生物可以充分利用植物性蛋白质和非蛋白氮合成微生物蛋白质(菌体蛋白)，菌体蛋白具有比例协调、组成稳定、生物学利用价值高等特点。同时，瘤胃微生物可以合成 B 族维生素和维生素 K，一般可以满足羊的生理需要，日粮中不需要另外添加。

▶ 第二节　羊场日常管理关键点

一　抓羊

在对肉羊进行个体品质鉴定、生长性能测定、配种、防疫、检疫和买卖时，都需要进行抓羊、保定羊和导羊前进等常规操作，掌握要点可以有效减轻抓羊、保定羊等的劳动强度，也可最大限度减少由此给羊造成的应激。

1.抓羊

在抓羊时首先要尽量缩小其活动范围，日常可根据羊圈的大小用钢筋或镀锌管制成可移动的栅栏，使用时放入羊圈内缩小羊的活动空间。抓羊的动作要快而准，出其不备，迅速抓住山羊或绵羊的后肋或后腿飞节上部。因为肋部皮肤松弛、柔软，容易抓住，又不会使羊受伤。除此两部位外，其他部位不能随意乱抓，以免羊在挣扎的过程中意外受伤。

2.保定羊

羊抓住后，需要保定时，一般对有角羊，可用双手各抓紧一只角；对无角羊，一手托住羊的下颌，一手扶头，然后两腿把羊颈夹在中间，抵住羊的肩部，使其不能前进，也不能后退，以便对羊只进行各种处理。切忌只抓羊角，使用蛮力硬抓或用腿跪压在羊腹上。另外，保定人也可站在羊的一侧，一手扶颈或下颌，一手扶住羊的后臀即可。

3.导羊前进

抓住羊后，当需要移动羊时就需要引导羊前进。方法是一手扶在羊的颈下部，以掌握前进方向，另一手在尾根处搔痒，羊即可短距离前进。也可用饲草或饲料在羊嘴前慢慢引逗羊前进。切忌抓住羊角或抱头用暴

力拖拽羊前进。

二 编号

为了科学地管理羊群,需对羊只进行编号,常用戴耳标法。耳标材料有金属和塑料两种,形状有圆形和长形。耳标用以记载羊的个体号、品种号及出生年月等。以塑料耳标为例,一般前一个或两个数字为羊的出生年份;接着是羊的个体号,为区别性别,一般公羊尾数为单号,母羊尾数为双号。羊的耳标一般戴在左耳上。用打耳钳打耳孔时,应在靠耳根软骨部,避开血管,先用碘酒在打耳处消毒,然后再打孔。如打孔后出血,可用碘酒消毒,以防感染。塑料耳标的缺点是容易被羊啃食而导致号码看不清。

羊只编号以后,应对其进行登记,并做好记录。要准确记录其父母编号、出生日期、编号、初生重、断奶体重等基本信息,填写在相应的登记表格上,有条件的应录入电脑存档。

三 去角

羊去角可以防止相互争斗时致伤,对有角山羊品种来说,去角是一个很重要的管理措施。如波尔山羊、黄淮山羊,可在出生后4~10天内进行去角。方法是:将羔羊侧卧保定,用手摸到角基部,剪去角基部羊毛,在角基部周围抹上凡士林,以保护周围皮肤。然后将苛性钠(或苛性钾)棒,一端用纸包好作为手柄,另一端在角蕾部分旋转摩擦,直到见有微量出血为止。摩擦时要注意时间不能太长,位置要准确,摩擦面与角基范围大小相同,术后敷上消炎止血粉。羔羊去角后12小时内不应让其接近母羊,以免苛性钠烧伤母羊乳房。

四 断尾

对尾部长或大的羊断尾的目的,一是避免粪便污染尾部及母羊的外阴部;二是防止夏季因苍蝇在母羊外阴部产卵生蛆而感染疾病;三是方便配种和人工授精,自然交配时有利于公羊的阴茎顺利插入阴道而便于母羊配种,人工授精时不需要另外固定羊尾,方便输精操作。断尾最好在羔羊出生后 2~7 天内进行,此时尾巴较细不易出血。断尾可选在无风的晴天实施。常用方法为结扎法,即用弹性较好的橡皮筋套在尾巴的第三、第四尾椎之间,紧紧勒住,断绝血液流通,大约过 10 天尾部因长期缺血而逐渐萎缩,然后自然脱落。

五 去势

不做种用的公羊建议去势,以防止其乱交乱配,尤其是公、母羊混养的羊场。去势后的公羊性情温顺,管理方便,节省饲料,容易育肥,所产羊肉无膻味且较细嫩。去势一般可与断尾同时进行,时间一般为 10 日龄左右。去势应选择在晴天进行,尽量避免在炎热的夏天、寒冷的冬天和阴雨天,以防影响伤口的愈合而导致感染化脓。去势时间过早或过晚均不好,过早睾丸小,去势困难;过晚流血过多,或已发生早配现象。如果公羊的饲养期较短或严格分群饲养管理也可以不去势。去势方法主要有结扎法、去势钳法和手术法,但生产上常用结扎法。

1.结扎法

当公羊 3~5 日龄时,将睾丸挤在阴囊里,用橡皮筋或细线紧紧地结扎于阴囊的上部,断绝血液流通。经过 15 天左右,因血管阻塞,阴囊和睾丸干枯,便会自然脱落。去势后最初几天,对伤口要常检查,如遇红肿发炎现象,要及时处理。同时要注意去势羔羊圈舍的环境卫生,保持清洁干燥,防止伤口感染。此法去势比较安全。

2.去势钳法

去势钳法就是用特制的去势钳,在公羊阴囊上部用力紧夹,将精索

夹断,睾丸后期会逐渐萎缩。采用去势钳法去势的公羊无创口、无失血、无感染的风险。但经验不足者,往往不能把精索夹断,达不到去势的目的,故经验不足者不建议采用此法。

3.手术法

给公羊做去势手术时常需两人配合,一人保定羊,使羊半蹲半仰,置于凳上或站立;一人用碘酒或75%酒精给手术部位消毒,然后做手术的人员一只手捏住阴囊上方,以防止睾丸缩回腹腔中,另一只手用消毒过的手术刀在阴囊侧面下方切开一个小口(小口长度约为阴囊长度的1/3),以能挤出睾丸为度。阴囊切开后,把睾丸连同精索拉出撕断。一侧的睾丸摘除后,再用同样的方法摘除另一侧睾丸。也可把阴囊的纵隔切开,把另一侧的睾丸挤过来摘除。这样少开一个口,有利于公羊的康复。睾丸摘除后,把阴囊的切口对齐,用消毒药水涂抹伤口并撒上消炎粉,如青霉素、链霉素等抗生素类药物。术后的1~2天要进行检查,如阴囊收缩,则为正常;如阴囊肿胀发炎,可挤出其中的血水,则再涂抹消毒药水和消炎粉。

（六）修蹄

修蹄是羊场日常管理的重要一环,尤其对种羊而言。种羊由于使用时间长、运动量大,加上蹄壳生长较快,如不整修,容易造成畸形,导致行走困难,从而影响其生产性能。一般种羊应半年左右修蹄一次。种公羊的修蹄更为重要,因为蹄不好会影响运动,从而引起精液量减少和精液品质下降。修蹄最好用专用的修蹄刀、修蹄剪或者用果树整枝用的剪刀,先把较长的蹄角质剪掉,再用锋利的刀具把蹄子周围的角质修整到与蹄底平齐或接近平齐。对于蹄形十分不正的种羊,每隔10~15天就要修整一次,连修2~3次。在修蹄时,不可操之过急,一旦发现出血,可用压迫法或烧烙法止血。修蹄时间应选在雨后,这时蹄质被雨水浸软,容易修整。

七 剪毛

为避免夏季高温对羊的不利影响,生产上湖羊、小尾寒羊等地方品种绵羊及其部分的杂交改良后代一般每年需要剪毛一次,通常安排在 5 月中下旬进行。目前,给绵羊剪毛多数使用电动剪毛刀,将羊保定后先从一侧到后腿剪一条线,再从后向前顺着线向背部剪;一侧剪完后将羊翻转一面,由背部向腹部剪,最后剪头颈部、腹部和四肢的毛。为防止在翻动羊的过程中造成羊肠扭转,剪毛前绵羊应空腹 12 小时。羊场剪羊毛时,应先剪健康羊的毛,最后剪患有皮肤病、痘疹等病羊的毛,以免通过剪毛刀和人员接触感染其他健康羊。山羊和澳洲白绵羊的部分杂交后代不需要剪毛。

八 定期驱虫

羊是各种寄生虫病的易感动物,发病面广,损失严重。为预防羊的寄生虫病,舍饲羊应在冬、春两季,放牧羊应每个季度甚至常年用药物进行预防性驱虫。感染羊的寄生虫分体内寄生虫和体外寄生虫,各地可根据当地及本羊场羊寄生虫病的流行情况选择不同的驱虫药物。对体内寄生虫,常用的丙硫苯咪唑具有高效、低毒、广谱的优点,对羊胃肠道线虫、肺丝虫、肝片吸虫和绦虫均有效,可同时驱除混合感染的多种寄生虫,但使用剂量要准确。对体外寄生虫,可选用杀虫脒、双甲脒等溶液或敌百虫水溶液等药物进行药浴或喷涂。

九 免疫接种

使用疫苗对羊群定期进行免疫接种可提高羊群对相应疫病的抵抗力,是预防传染性疫病发生的关键措施。免疫接种可促使羊体对相应疫病病原产生特异性抗体,是使其对某种传染病从易感转化为不易感的一

种手段。羊场或养殖农户应根据当地羊传染性疫病流行特点和流行季节,有计划地对口蹄疫、小反刍兽疫、口疮、羊痘、传染性胸膜肺炎等传染病进行免疫接种。目前,国内没有统一规定的肉羊免疫程序,需要根据各地疫病发生情况,在生产实践中总结经验,制订出符合本地区和本羊场实际的免疫程序和计划,并严格按照计划和程序定期进行免疫接种。

十 卫生消毒

对羊场圈舍及其环境进行定期消毒,可杀灭外界环境中的病源,切断传播途径,预防疫病的发生,阻止疫病的蔓延。场区和生产区的大门口均应设立车辆消毒池,并经常保持有效的消毒药水,进出场车辆应严格消毒。生产区门口应设立人员消毒通道,并配备自动喷雾消毒系统。场区和羊的圈舍应每天清扫一次,每1~2周消毒一次,有疫病发生的情况时相应增加消毒的次数。为保证消毒效果,消毒应选择在晴朗无风天气进行。根据消毒对象不同羊场可选用不同的消毒药剂,常用的有火焰、烧碱、有机氯制剂、各种碘类、季铵盐类等,建议购买几种不同类型的消毒药物,轮流交替使用。

▶ 第三节　种公羊的饲养管理

种公羊对羊群的生产水平、产品品质有重要的影响。随着对羊人工授精技术的普及,优良的种公羊担负着繁殖配种任务,这对种公羊饲养管理提出了更高的要求。种公羊的配种能力取决于健壮的体质、充沛的精力和旺盛的性欲。种公羊的繁殖力,除了其自身的遗传因素外,饲养管理是影响种公羊繁殖力的重要因素。品质优良的公羊,饲养管理不好,也不能很好地发挥其种用价值。

对种公羊的饲养管理要求比较精细,应维持中上等膘情,力求常年保持健壮配种体况。配种季节前后应保持较好膘情,使其配种能力强,精液品质好,提高利用率。种公羊的饲料要求营养含量高,要有足量的优质蛋白质、维生素 A、维生素 D 以及无机盐等,并且要易消化、适口性好。饲料力求多样化,可因地制宜,就地取材,合理搭配,以使营养齐全。种公羊的日粮应根据非配种期和配种期的不同饲养标准来配制,再结合种公羊的个体差异做适当调整。种公羊的饲养管理目标应以常年保持中等以上膘情、健壮活泼、精力充沛、性欲旺盛为原则,保证和提高种公羊的利用率。

种公羊的饲养圈舍应远离母羊,避免因母羊的叫声或气味影响公羊的采食。有条件的应该选择通风、向阳、干燥的地方建设单独的种公羊舍,每只种公羊约需要面积 4 米²,山羊舍应建有运动场,绵羊舍建议配套建设运动场。因高温、高湿对公羊的精液品质会产生不良影响,所以种公羊舍夏季应注意防暑降温。

一 后备种公羊的饲养管理

从肉羊产业的长远发展来看,后备种公羊的培育和饲养管理是提升肉羊产业水平的核心环节。但实际生产中,后备种公羊的饲养管理相对薄弱,大多数规模羊场甚至种羊场并未建立相应的后备种公羊的饲养规程或标准。

1.后备种公羊的选择

后备种公羊的选择,要求体形外貌一致,符合种用要求,相应的品种标准、体质强壮、睾丸发育良好、雄性特征明显。一般应在羔羊出生、断奶、6 月龄和周岁这 4 个时间段进行严格选择和淘汰,不仅要注重个体生长发育和有关性状,还要根据其亲代生产性能和主要性状进行综合考

虑,尤其要优先选择体形高大、双睾丸大而匀称的公羊。后备种公羊体成熟后必须经常检查其精液品质,及时发现和剔除不符合种用要求的公羊,同时应注意从繁殖力高的母羊后代中选择后备种公羊,以提高繁殖力。

2.后备种公羊的培育

后备种公羊的培育是将其种质中的优秀数量性状通过环境因素进行充分表达的过程。培育是一项长期的任务,需要长期坚持不懈地进行。选择重在遗传,培育重在环境。为此,应加强对已选择的后备种公羊的培育,在良好环境条件下,满足其生长发育对各种营养的需要,使其遗传潜能得以充分发挥。如果环境条件不具备,或者各种营养不能满足,则对其生产性能或性状表现很难判断是先天不足还是环境因素造成的,给培育带来一定困难。

3.后备种公羊的饲养

后备种公羊的饲养管理总体原则是控制日增重在 200~250 克,日粮营养特点为低能高蛋白,即每千克日粮干物质的消化能控制在 10~11 兆焦,防止羊过肥而影响成年后的繁殖力。同时,提供相对高的钙、磷、维生素 D 水平,确保其他微量元素如铁、锌、锰、铜、碘、硒、钴,维生素 A、维生素 E 的常规均衡供给。国外品种后备种公羊在 12 月龄左右可以开始进行适度配种或采精,国内地方品种的后备种公羊初配年龄可以适当提前。

(二) 非配种期种公羊的饲养管理

种公羊在非配种期的饲养管理以恢复和保持良好的种用体况为主要目的。配种期结束后,种公羊的体况一般都会有不同程度的下降,为迅速恢复其体况,在配种期结束后的前 1 个月内应继续保持配种期的日粮营养水平,但可以适当调整日粮组成,增加优质干草和青绿饲料的饲喂量,逐步过渡到非配种期的日粮。非配种期的日粮要做到精饲料、粗饲料合理搭配,要保证能量、蛋白质、维生素和矿物质等充分供给。一般来说,每只种公羊每天精饲料的饲喂量建议为 0.4~0.6 千克,优质干草等粗饲料自由采食,保证清洁饮水。或者在自由采食基础上、饲喂 TMR 的前提下再补饲精料 0.2~0.3 千克。建议精料配方:玉米 56%、麸皮 15%、豆粕 25%、预混料 4%。

种公羊舍要保持清洁卫生,并定期消毒。根据计划安排,种公羊要定期抽血进行小反刍兽疫、口蹄疫、布鲁菌病等的检疫,定期预防接种及驱虫,认真做好各类疫病的综合防控,保证种公羊的健康体质。

三 配种期种公羊的饲养管理

羊在配种期每生产 1 毫升的精液,可消化粗蛋白质 50 克。此外,激素和各种腺体的分泌物以及生殖器官的组成也离不开蛋白质,同时维生素 A 和维生素 E 与精子的活力和精液品质有关。只有保证种公羊充足的营养供应,才能使其性欲旺盛,精子密度大、活力强,母羊受胎率高。一般应从配种前 1~1.5 个月的配种预备期即开始增加精饲料的饲喂量,一般为配种期饲养标准的 60%~70%,然后逐渐增加到配种期的标准。同时,在配种预备期采精 5 次,检验精液品质,以确定其合理的利用强度。

配种期的公羊神经处于兴奋状态,经常心神不定,不安心采食,这个时期的管理要特别精心,要早起晚睡,少给勤添,多次饲喂,且饲料品质要好。其中蛋白质是否充足,对提高公羊性欲、增加精子密度和射精量具有决定性作用。因此,单栏饲养的种公羊在配种期可每日补饲 1~2 枚鸡蛋。采用种公羊与母羊同圈混养模式的,建议在种公羊完成一栏母羊配种任务后牵至单栏饲养,休息 1~2 周再进入下一栏与母羊配种。

种公羊的利用要合理,高频率配种或采精会对公羊的身体造成一定的伤害,同时在一定程度上会影响精液的品质,从而降低与其交配母羊

的受胎率。在自然交配模式下，一只种公羊可配种 20~30 只母羊。采用人工授精技术，1 只公羊可配种 100~200 只母羊。种公羊在预备配种期开始时一周采精 1 次，而后增加到一周 2 次，配种前两天 1 次。配种时每天可采精 1~2 次，不要连续采精。后备种公羊 8 月龄开始用于配种，8~12 月龄公羊每周可以配种或采精 2~3 次。1.5 岁的种公羊，一天内采精不宜超过 2 次。成年种公羊每天可采精 3~4 次。多次采精，两次采精间隔时间应在 2 小时以上，使种公羊有休息时间。连续配种或采精 2 天，应休息 1 天。采食和饮水前后半小时不要配种或采精，以免影响公羊的健康。6~7 岁的老龄种公羊可以考虑淘汰。

▶ 第四节　母羊的饲养管理

母羊是羊场扩大生产的基础，繁殖母羊应常年保持良好的饲养管理条件，以完成发情、配种、妊娠、哺乳等生产任务。母羊的饲养管理包括空怀期、妊娠期和哺乳期三个阶段。

一 空怀期的饲养管理

空怀期指母羊在羔羊断奶后到再次配种受胎的时间间隔，是母羊进入下一个繁殖周期的开始，此阶段的母羊一般体况较差、消瘦。此期的营养好坏直接影响母羊的配种、妊娠状况。空怀期母羊的饲养管理目标是适度复膘，促使母羊正常发情、提高排卵数，确保受胎及提高多羔率。为此，应在配种前 1 个月按饲养标准配制日粮进行短期优饲，加强营养供给，在确保日粮干物质 1.5~2.0 千克/天供给量的前提下，可适当多喂青绿多汁饲料，同时每只母羊补饲精饲料 0.5 千克/天。

二 妊娠期的饲养管理

母羊的妊娠期平均为 150 天,分为妊娠前期和妊娠后期。

1.妊娠前期的饲养管理

妊娠前期是指母羊受胎后的前 3 个月,此期胎儿绝对生长速度较慢,所增重量占羔羊初生重的 10%,对能量、粗蛋白的要求与空怀期相差不大。饲养管理的目标侧重于保胎、避免流产。在配种受胎后的 2~3 周继续饲喂空怀期日粮,然后逐步过渡到妊娠前期日粮。在母羊的一个繁殖周期中,妊娠前期的日粮能量、蛋白质供给量相对较低,但适量补饲精饲料也是必要的,每只母羊每天补饲营养均衡的精料 0.5 千克左右。建议精饲料中的豆粕比例在 35%左右, 可多喂青绿多汁饲料。青饲料应保持新鲜,有利于胚胎的健康生长发育。杜绝饲喂发霉、变质、霜冻、有露水的饲草以及霉变的玉米、糟渣等饲料,否则将引发母羊流产或死胎。同时要精心管理,羊舍内忌大声喧哗,避免拥挤、惊吓,防止母羊流产。

2.妊娠后期的饲养管理

妊娠后期是母羊妊娠的最后两个月,此期胎儿生长迅速,90%的初生重在此期完成。此期的营养水平至关重要,它关系到胎儿发育、羔羊初生重、母羊产后泌乳力、羔羊出生后生长发育速度及母羊下一繁殖周期等。饲养管理目标侧重于保证胎儿健康、快速生长,防止母羊妊娠毒血症、瘫痪等疾病的发生。因此,妊娠后期是妊娠母羊饲养管理的关键阶段,在饲料营养上必须增加各种营养物质的供给,必须补饲精饲料,建议每只母羊每天补饲精饲料 0.5~1 千克。日粮中的粗饲料需适度粉碎,这既有利于 TMR 的加工,又可促进母羊采食。TMR 的水分应控制在 45%~50%,若水分超过 50%,将导致母羊干物质采食量下降,不利于营养物质的供给。产前 1 周,要适当减少精饲料的用量,以免胎儿过大而造成母羊难产。

妊娠后期母羊的饲养管理要格外细心和周到，在进出圈舍及放牧时，要避免拥挤和暴力驱赶。有运动场的羊场应适当增加母羊的户外活动时间，以增加体力、增强体质。产前1周，母羊应进入产房内或专门产羔圈内待产。

三　哺乳期的饲养管理

羊的哺乳期是指母羊分娩后到羔羊断奶的一段时间，一般为45~60天，有的可能延长至90天左右。有研究表明，羔羊每增重1千克需消耗母乳5~6千克，为满足羔羊快速生长发育的需要，必须提高母羊的营养水平，提高泌乳量。饲料应尽可能多提供优质干草、青贮料及多汁饲料，母羊饮水要充足。

饲养管理时，应根据母羊带羔的多少和泌乳量的高低，加强补饲。带单羔的母羊，每只每天应补饲混合精饲料0.3~0.5千克；带双羔或多羔的母羊，每只每天应补饲混合精饲料0.5~1千克。体况较好的母羊，产后的前3天减少混合精饲料的饲喂量或不补饲精饲料和青绿饲料，以免造成母羊消化不良或发生乳腺炎。3天后再逐步增加精饲料和青绿饲料的喂量，同时饲喂优质粗饲料。

在传统的饲养模式下，羔羊一般在60~90日龄断奶，但随着饲养管理水平的提高，现在羔羊45日龄左右即可断奶。断奶前7天开始逐渐减少母羊日粮中的精饲料及青绿多汁草料的饲喂量，以利于母羊回奶和防止乳腺炎的发生。断奶时，将母羊从所在的哺乳圈舍移至空怀期羊舍，而羔羊留在原来的圈内。

第五节　羔羊和育成羊的饲养管理

一　羔羊的饲养管理

羔羊一般多指从出生到断奶的羊。羔羊饲养管理的目标是提高成活率,减少发病率,使个体整齐、生长快速,缩短哺乳期,避免僵羊。羔羊生长发育快,可塑性大,科学的饲养管理既可促使其充分发挥先天的性能,又能加强其对外界条件的适应能力,有利于个体发育,提高生产力。羔羊,尤其是初生羔羊体质较弱,抵抗力差,易发病,搞好羔羊的护理工作是提高羔羊成活率的关键。

1.尽早吃到、吃饱初乳

初乳是指母羊产后 3~5 天内分泌的乳汁,初乳内含有 17%~23%的蛋白质、9%~16%的脂肪等丰富的营养物质,其乳质黏稠、营养丰富,易被羔羊消化,具有不可替代性。同时,初乳中富含镁盐,具有轻泻作用,能促进胎粪排出,防止羔羊便秘。初乳中还含有较多的免疫球蛋白和白蛋白,以及其他抗体和溶菌酶,对抵抗疾病、增强体质具有重要作用。

羔羊出生后,就有吮乳的本能。在羔羊出生后 1 小时内,必须让羔羊吃到初乳,时间越早越好,吮乳量越多越好。对于一胎 3 羔以上羔羊,可以挑选其中强壮的羔羊寄养出去,并要尽早找"保姆羊"寄养,使母子确认,代哺羔羊。对于母性差的初产母羊或者吃不到初乳的羔羊应实施人工辅助喂奶,即用手轻轻地将羔羊的头慢慢推向母羊的乳房,一只手轻轻地抚摸羔羊的尾根,羔羊会不停地摇尾巴去找母羊的奶头,人为地用另一只手将母羊的乳房轻轻挑起,送到羔羊的嘴边,羔羊就能慢慢地吃上初乳,反复几次羔羊就能自己吃母乳。人工辅助喂奶既有利于羔羊的

成活,也有利于羔羊拱奶,刺激母羊乳房进行放奶。

2.羔羊人工喂养

多羔母羊或泌乳量少的母羊,其乳汁不能满足羔羊的需要,应对其羔羊进行人工补喂。可用牛奶、羊奶粉或人工代乳粉进行喂养。当用牛奶、羊奶喂羔羊时,要尽量用鲜奶,因新鲜奶其味道及营养成分均好,且病菌及杂质也较少。用奶粉喂羊时应该先用少量冷开水把奶粉溶开,然后再加热水,使总加水量为奶粉总量的5~7倍。羔羊越小,胃也越小,奶粉对水量应该越少。有条件可加点植物油、鱼肝油、胡萝卜汁及多种维生素、微量元素、蛋白质等。

人工喂养应做到定人、定时、定温、定量,同时要注意卫生条件。定人有利于饲养员熟悉羔羊生活习性,掌握吃饱程度、食欲情况及健康与否。奶的温度要保持基本恒定,一般要求35~41℃。温度过高,羔羊容易发生便秘;温度过低,往往容易发生消化不良、下痢、鼓胀等。奶的饲喂量可按羔羊体重或体格大小来定,一般全天给奶量相当于初生重的1/5为宜。喂奶时间相对固定,初生羔羊每天喂6次,每隔3~5小时喂一次,夜间可延长时间或减少次数。10天以后每天喂4~5次,到羔羊吃料时,可减少到3~4次。

3.羔羊补饲

哺乳期母羊的泌乳高峰期一般出现在产后的第14天,若母羊带双羔至羔羊20日龄前,母乳的营养供给完全可以满足羔羊的生长需要,但考虑到促进瘤胃发育和以后的生长速度,应在10日龄左右开始训练吃料,即开始补饲。在羊圈内设置羔羊补饲栏,补饲栏只有羔羊能自由出入,实行隔栏补饲。在羔羊补饲栏的食槽内投入少量羔羊专用颗粒饲料,训练其吃料能力,促进瘤胃发育,严防母羊偷食补饲料。羔羊开食后,每天应补饲专用颗粒饲料,以缩短哺乳时间,实现早日断奶。

羔羊专用颗粒饲料的常规营养指标应达到:粗蛋白≥18%,赖氨酸≥1.1%,蛋氨酸≥0.6%,钙0.9%~1.1%,磷≥0.5%。微量成分如脂溶性维生素A、维生素D、维生素E、维生素K及B族维生素,铁、锌、锰、铜、硒、碘、钴等矿物质微量元素齐全平衡。建议配方:玉米56%、豆粕30%、草粉(花生秧、玉米秸秆或豆秸秆等)10%、羔羊专用预混料4%。先将玉米、豆粕、花生秧分别用粉碎机粉碎成细粉,按配方设计比例,将各种原料混合均匀,用孔径0.6厘米的平模制粒机制粒。若颗粒成形性差,可向混合粉料中喷入适量的水,但制粒后应晾干,以免贮存过程中发生霉变。

4.羔羊断奶

羔羊适宜的断奶日龄或者断奶体重没有统一的标准,各个羊场可以根据羔羊采食和生长发育情况自行确定。在传统饲养管理条件下,羔羊断奶日龄一般为60~90天。羔羊的断奶时间不能以日龄或体重来简单判定,而应以羔羊日采食的干物质饲料量来确定是否可以断奶,一般认为每只羔羊每天能采食颗粒饲料0.3千克以上即可断奶。通过补饲,羔羊完全可在45日龄以前断奶,实现提早断奶,缩短母羊繁殖的间隔时间。

对羔羊而言,断奶是一个较大的应激,为减少断奶应激,在断奶的方法上以一次性断奶为好、简便。即断奶时将母羊牵离原羊圈、远离羔羊,让羔羊继续留在原来的圈里,使断奶羔羊不离圈、不离群、保持原来的环境和饲料,从而使羔羊安全渡过断奶关。

5.羔羊防疫

妊娠母羊在产前1个月,要肌内注射"三联四防氢氧化铝菌苗",预防羔羊痢疾、猝狙、肠毒血症及羊快疫。羔羊出生后12小时内每只口服广谱抗生素0.125~0.25克,以提高其抗菌能力和预防消化系统疾病。羔羊出生后7日龄肌内注射传染性胸膜肺炎疫苗,21日龄进行肺炎疫苗的二免;30日龄和45日龄分别进行三联四防疫苗首免和二免,30~45日龄

驱虫一次,50日龄注射口蹄疫疫苗,3月龄注射羊痘疫苗。

二 育成羊的饲养管理

育成羊是指由断奶至体成熟的羊,多在2~12月龄。育成羊的特点是生长发育较快,营养物质需求量大。育成期营养长期缺失,会显著影响羊的生长发育,会出现四肢高、体狭窄而浅、体重小、增重慢等问题,导致性成熟、体成熟推迟,不能按时配种,甚至丧失种用价值。

断奶后的育成羊应按性别、大小、强弱分群,加强补饲,按饲养标准采取不同的饲养管理方案,定期抽查测定体重,并根据增重情况适时调整饲养方案。育成期的公、母羊对饲养条件的要求和反应不同,公羊生长发育较快,营养需要较多,如营养不良则发育不如母羊。对严格选择的后备公羊更应提高饲养水平,保证其充分生长发育。

▶ 第六节　肉羊不同季节的饲养管理

一 春季饲养管理

对肉羊生产而言,春季是母羊产羔和配种的繁忙季节。但同时气温变化幅度大,乍暖还寒和冷暖骤变,北方多沙尘,南方多阴雨,是肉羊疫病高发季节,给肉羊生产造成了一定影响。在春季肉羊的饲养管理中应做好以下几点:

1.驱虫及防疫

春季应对整个羊群进行一次集中驱虫,以预防和治疗寄生虫病。结合养殖场常见体内、体外寄生虫的发生情况,选择相应的驱虫药物,对羊群进行针对性驱虫。在驱虫期间,应及时收集清理肉羊排出的新鲜粪便,并进行堆积发酵,以杀灭粪便中的寄生虫虫卵。

根据当地及本场传染性疫病的发生和流行情况,加强羊的小反刍兽疫、口蹄疫、传染性胸膜肺炎、羊痘等疫病的预防,并按照免疫计划注射相应的疫苗。

2.加强哺乳和妊娠母羊的营养

春季是母羊分娩的高峰期,妊娠中后期的母羊,应逐渐增加饲料的营养,保证饲料营养的均衡性。对放牧羊,应补充适量的精饲料,每只羊每天补饲精饲料的量不应少于 0.5 千克,以满足妊娠母羊机体对营养物质的需求,保证母羊和胎儿的正常生长发育。为提高哺乳母羊的泌乳能力,保证羔羊的营养需要,应给母羊添加适量的优质青绿饲料。

3.注意保温

春季气温变化频繁,早晚温差大,应注意羊圈舍的保温,尤其哺乳羔羊夜间的保温。日常管理中,对舍饲羊,中午温度升高后可以打开圈舍门窗或卷帘,加强通风换气,保证羊舍内空气质量;早晚关闭圈舍门窗或放下卷帘,提高羊舍内温度。对放牧羊,可以缩短放牧时间,做到晚出早归;放牧羊回圈舍后,应注意补饲精饲料和优质干草。加强羔羊的保温,避免羔羊直接睡在水泥地或漏粪地板上,有条件的可以购置电加热垫板,或在地面或羊床上放置一块木板让羔羊休息,防止羔羊因腹部受凉引起消化不良导致腹泻等疾病的发生。

4.防止中毒

春季是牧草和各种农作物长苗的季节,尤其是一些农作物需要间苗,部分养羊农户会将拔除的玉米、高粱等作物的苗喂羊。高粱、玉米等禾本科玉蜀黍属植物的幼苗富含氰苷糖苷,氰苷糖苷通过酯解酶和瘤胃发酵作用,会产生有毒的氢氰酸,引起肉羊氢氰酸中毒。氢氰酸中毒发生迅速,病羊很快出现症状,表现兴奋不安,流涎,腹痛,口流泡沫状液体,

呼吸、心跳次数增加,可视黏膜呈鲜红色,常呼出带有杏仁味的气体。病羊很快转入沉郁状态,表现极度衰弱,粪尿失禁,四肢发抖,肌肉痉挛,发出痛苦的叫声,随即昏迷死亡。放牧时,保证羊群远离播种地带,防止肉羊误食拌有农药的农作物种子,发现中毒情况,应及时采取措施进行抢救。

二 夏季饲养管理

气温高是夏季最显著的特征,北方多炎热干燥,南方多高温高湿。但同时夏季也是许多农作物旺盛生长的季节,充足的光照、适宜的温度以及充沛的雨水给农作物和牧草的生长提供了所需的条件,为肉羊的优质高效养殖提供了丰富的饲料资源。在肉羊夏季的饲养管理中,最重要的就是做好防暑降温等工作,以尽量降低热应激对肉羊造成的不良影响。

1.隔热

羊舍的屋面应采用双面彩钢加聚氨酯复合板等隔热材料,以有效增强夏季防晒隔热效果。避免使用铁皮或石棉瓦等单层屋面,以防夏季被日光直接晒透。小规模养羊户也可在屋面铺盖草帘,并用绳索加固,以防大风等自然灾害侵袭,或在屋顶加盖遮阳网进行隔热。

2.遮阳

羊舍设置为东西走向、坐北朝南,舍外南面安装黑色遮阳网,运动场搭建遮阳棚,避免阳光直射羊体。羊舍及运动场周边种植高大遮阴树木,或种植南瓜、丝瓜、葫芦等瓜藤类植物,既能吸收辐射热,起到遮阳降温作用,又可绿化美化环境,改善羊场小气候。

3.通风

羊舍内部应有足够高度,羊舍屋檐高度在 2.5~3.0 米,窗台距地面 1.5 米左右,便于自然通风。可在屋顶安装无动力风帽,或安装吊扇,增强和改善自然通风效果。封闭式羊舍可以安装风机,采用纵向机械通风降温;也可借鉴猪禽夏季养殖模式,采用湿帘纵向通风降温系统,即在羊舍进风口处安装湿帘,舍外热空气通过湿帘降低温度后再输送进入羊舍;风机纵向机械通风,再由出风口排出,降温效果好,但成本较高。采用高床养殖的羊舍建议安装地窗,加快空气流通,改善舍内空气质量。不建议羊场采用舍内喷雾、地面洒水等降温措施,尤其是南方地区,以免增加羊舍内的湿度,加重羊的热应激。

4.保证饮水

夏季羊体水分流失增多,必须保证充足的饮水,最好能让羊自由饮水。水质应清洁卫生,不能让羊饮太阳暴晒后的水。放牧羊饮水前应充分休息,以免因呼吸急促、喝水心切而猛饮,导致呛水入肺。

5.补充电解质

高温季节羊体盐分损失较多,要适当补充食盐、电解质及矿物质,维护羊体内酸碱平衡,增强羊的食欲。可按配方将原料或预混料混合在精饲料中,或添加在饮水中。为缓解热应激对肉羊的影响,夏季高温时可以在饮水中添加黄芪多糖、复合多维等药物。

6.提高营养浓度

夏季高温时肉羊的饲料应格外注重饲料品质,缩减日粮体积,以有效应对食欲减退、采食量下降等问题,保证肉羊摄入充足的营养。提高优质青绿饲料及青干草在日粮中的比例,少喂或不喂劣质秸秆等营养价值低的粗饲料。适当补充精饲料,成年羊每只每天0.3~0.5千克。精饲料配方进行相应调整,适当降低能量饲料添加量,增加优质蛋白质和必需氨基酸的供应量。

7.防蚊蝇

夏季蚊蝇大量繁殖,活动猖獗,对羊造成骚扰,严重影响羊的休息,

而且蚊蝇是传播疾病的重要媒介。因此,肉羊养殖场应重视蚊蝇的灭杀工作。根据蚊蝇的生活习性,以环境防治为主,物理、化学防治相结合。规范羊场建设,场区排水排污畅通,确保无积水,雨污暗沟排放,填埋场区水坑、小水塘等积水区;羊舍粪便及时清理并集中堆积发酵,消灭蚊蝇滋生的发源地;用氯氰菊酯等中低毒灭虫剂,按使用说明书,在羊舍内外、场区周围、水沟等蚊蝇栖息地进行喷洒;安装捕蝇器、捕蝇笼、粘蝇纸、灭蚊灯等设备进行物理防治。有条件的羊场可安装纱门、纱窗,防止蚊蝇进入舍内。

8.其他管理措施

舍饲羊,尤其是采用封闭式养殖,夏季应适当降低饲养密度,羊只平均占地面积应比春、秋季增加 20%~30%,以促进羊的体热散发,降低有害气体浓度,改善舍内空气质量。绵羊应在入夏前完成剪毛。放牧羊,应避开中午高温时段,实行早晚放牧,上午早出早归,下午则晚出晚归,中午休息。根据天气变化合理调整放牧时间和地点,尽量选择地势较高、通风良好、有树木遮阴的牧场,避免在潮湿、低洼处放牧。若发现羊群低头拥挤、张口急喘、耳根出汗,即"扎窝子"现象,应立即驱散羊群,并尽快转移到阴凉通风处,防止中暑。羊群收牧后不能立即赶进羊舍,应在阴凉通风处充分休息、散热、饮水。

同时,应注意天气变化,注意防暴雨、雷电及强台风造成的自然灾害。沿江、沿淮地区应注意短时间强降水造成的洪涝灾害,南方山区应加强防范强降水引起的泥石流、塌方等地质灾害。

（三）秋季饲养管理

秋季是母羊发情配种和肉羊育肥的最佳季节。市场上每年的 11 月至第二年的 2 月是羊肉和活羊价格最高的时期,秋季母羊配种第二年春季产羔,到秋季进行育肥,冬季正好在价格最高的时间段出栏销售。因此,加强肉羊秋季的饲养管理是发展养羊生产,提高养羊经济效益最直接有效的途径。

1.配种组织

挑选参加秋季繁殖配种的母羊,根据大小、体质强弱等合理分群,并编号登记,以便于饲养管理。母羊在配种前1个月进行短期优饲,达到满膘配种。每天安排试情公羊进母羊圈舍诱导发情,并挑出发情母羊,利用自然交配或人工授精适时配种。春季配种秋季产羔的哺乳期母羊,要补饲精料和优质饲草,一般母羊哺乳期日均补饲混合精饲料0.5千克左右。

2.驱虫防疫

秋季应给羊进行1次全面的驱虫,尤其是准备进行育肥的肉羊。危害羊的体内寄生虫主要有线虫、吸虫和绦虫,且常混合感染。体外寄生虫主要有疥螨、痒螨和虱等。对舍饲羊,驱虫后羊的粪污应及时收集清理,并集中堆肥发酵,以杀灭寄生虫虫卵。对放牧羊,驱虫后的2天内必须安置到指定的地方进行休息和放牧,防止排出的寄生虫卵污染干净的羊舍和草地。根据羊场的免疫计划,秋季应给羊注射相应的疫苗,预防传染病的发生。

3.储备冬季饲草料

秋季牧草及农作物大量上市,饲草料资源丰富。此时,应储备足量的肉羊冬季的饲草料。花生秧、豆秸等农作物秸秆以及各种树叶、野草等可以制成干草或粉碎加工成干草粉贮存备用。用玉米秸秆等可以制作青贮饲料,有条件的利用全株玉米制作青贮饲料,营养价值更高。另外,在秋季作物收获后,可以利用冬闲田种植黑麦草、大麦等越冬牧草和作物,以补充冬季肉羊青绿饲料的需求。

四 冬季饲养管理

冬季气候寒冷,饲草饲料相对缺乏,肉羊的饲养管理难度较大,如果在饲养管理上稍有不当就会造成严重的经济损失。因此,要加强肉羊的冬季饲养管理,做好妊娠母羊和羔羊的护理工作,加强疾病的预防,以确保肉羊顺利越冬。

1.注意防寒保暖

冬季较为寒冷,做好冬季的防寒保暖工作尤其重要。冬季主要为舍饲模式,在入冬前要做好羊舍的检修工作,包括羊舍的墙壁、门窗、屋顶等处都要仔细检查。如果发现有漏风、漏雨的地方要及时整修,并将漏洞处堵住。防止舍内有贼风进入,使羊群受冻,影响健康和生产性能。冬季羊舍的门窗外可以挂上塑料薄膜,利于提高舍温,天气回暖后直接将塑料膜揭去即可。要保证冬季羊舍达到不透风、不漏风、无贼风。另外,有条件的羊场可以在舍内安装增温设施,以提高舍内的温度,尤其产羔舍更应注意保暖。

2.加强饲养管理

冬季以舍饲为主,在冬季到来前要将羊群按照年龄、性别、体重等进行合理分群,以防止羊群间发生争斗而出现损伤。另外,合理分群也利于日常饲养与管理。

冬季放牧的时间相对减少,如果放牧则要选择在避风向阳、地势高燥、水源良好的地方,做到晚出早归。注意避免在风雪天放牧,风雪天过后要注意不可让羊吃带有冰、雪的草料,以免发生消化系统疾病。放牧选择的路径要求尽量平坦,不走陡坡。放牧后要及时做好补饲工作,以使肉羊摄入充足的营养,达到增强体质、提高抗病能力的目的。

冬季因昼短夜长,饲养肉羊可在夜间增加 1 次饲喂,并在晚上开灯,增加羊吃草料的时间。如果有条件，冬季最好让羊饮用温水。

3.适当通风换气

冬季在做好防寒保暖工作的基础上，还应注意羊舍内的通风换气工作，以排除舍内的有害气体，保证舍内空气新鲜。通风时不可让冷风直吹羊体，还要防止贼风进入，可选择在晴暖无风的中午打开门窗或卷帘，短暂通风换气再及时关上门窗或放下卷帘。

4.加强妊娠母羊的饲养管理

秋季配种的母羊多数在冬季妊娠，在第二年的春季产羔。冬季天气较为恶劣，为了提高母羊的繁殖率和羔羊的成活率，在冬季应做好妊娠母羊的保胎和羔羊的护理工作。管理时，公羊和母羊分开饲养。同一个圈内的妊娠母羊要保持合适的数量，避免因过于拥挤，在采食时发生争斗、挤压等现象，而引起妊娠母羊机械性流产。妊娠母羊的饲料要求保质保量，严禁饲喂发生霉变以及冰冻的饲料。在天气晴朗的中午，可以将妊娠母羊赶到运动场进行适量的运动，并接受太阳的照射，以增强其体质，预防难产。

5.加强羔羊的护理

初生羔羊各项功能的发育还不完全，尤其是体温调节能力和抗病能力较差，冬季温度较低，因此，要做好羔羊舍的保暖工作。一般羊场和肉羊养殖户可以考虑用木板制作保温箱或设置羔羊能自由进出的活动区，里面铺设柔软的垫草或用红外线灯泡在夜间给羔羊增温。有条件的羊场可以使用电热恒温保温板或远红外加热保温箱。

要做好冬季的初生羔羊接产工作，在羔羊出生后要及时清理其口鼻内的黏液，用干布擦干羔羊身上的黏液，并让其尽快地吃上初乳。天气晴朗时可让羔羊多晒太阳，以促进羔羊的生长发育和提高其健康水平。

第四章

肉羊繁殖技术

▶ 第一节　肉羊发情生理与发情鉴定

一　初情期、性成熟和初配年龄

1.公羊初情期、性成熟和初配年龄

公羊初情期一般指公羊初次表现出爬跨等性行为,并第一次能够射精的时期,是公羊性成熟的初期,但对公羊初情期的准确判定比较困难。公羊性成熟是指公羊生殖功能发育基本成熟,完全具备性行为能力,能够产生具有受精能力的精子。公羊初配年龄是指公羊达到体成熟参与初次配种的年龄,一般在公羊性成熟的数月后。公羊性成熟年龄一般在6~10月龄,初配年龄一般在10~12月龄。

公羊性成熟年龄主要受品种、营养、环境和个体等因素的影响,一般地方肉羊品种与国外引进品种相比性成熟较早。公羊性成熟时,不宜立即配种。配种过早,因公羊身体没有完全发育成熟,从而影响身体的正常发育。生产实践中,一般以体成熟作为衡量公羊是否能够配种的标准,即公羊体重达到或超过成年体重的70%时可以参与配种。

2.母羊初情期、性成熟和初配年龄

母羊初情期一般指母羊出生后第一次出现外阴红肿、接受公羊或其他羊爬跨等发情征象的时期。一般母山羊初情期在4~6月龄,母绵羊在

6~8月龄,小个体品种的初情期要早于大个体的品种,山羊早于绵羊。母羊性成熟是指母羊生殖内分泌功能发育基本成熟,能排出成熟的可受精的卵子,表现出规律性发情和发情征象的时期。母羊初配年龄是指母羊第一次配种繁殖的年龄,一般要求体重达到成年体重的70%。

母羊过早配种,可能造成自身泌乳性能较差,产出的后代体质较弱等现象。而过迟配种又会降低母羊终身产羔数,从而影响羊场经济效益。因此,生产中要求母羊适时配种,一般母山羊8月龄左右可初配,母绵羊10月龄左右初配。

二 母羊的发情及特点

1.发情

发情是指母羊发育到性成熟后,在垂体促性腺激素的作用下,卵巢上的卵泡发育并分泌雌激素,引起生殖器官和性行为的一系列变化,并产生性欲的一种周期性变化的生理现象。从外观上看,发情时母羊主要在行为和生殖器官的外阴部发生一系列变化。

(1)行为变化。母羊发情时由于发育的卵泡分泌雌激素,并在少量黄体酮的作用下,刺激神经系统的性中枢,引起性兴奋,使母羊出现精神兴奋不安,食欲减退,反刍停止,摇尾大声咩叫,爬跨同圈舍其他母羊或接受其他母羊的爬跨,主动接近公羊,接受公羊爬跨等现象。

(2)外阴部变化。母羊发情时卵巢上的卵泡迅速发育,并逐渐成熟,雌激素分泌量逐渐增多,刺激生殖道,使血流量增加,引起母羊外阴部逐渐充血红肿、松软,阴蒂充血勃起,阴道黏膜充血、潮红,阴门流出黏液,初期仅有少量透明黏液,中期黏液量增多并变得黏稠呈牵丝状,后期黏液减少呈胶状。

母羊出现上述变化时,即可判定为发情。母羊的发情表现主要与品种、年龄、季节和营养等因素有关,一般地方肉羊品种发情时表现较

明显。

2.发情周期

发情周期是指母羊从上一次发情开始到下一次发情的间隔时间。根据母羊一个发情周期中的一系列变化和表现,一般将发情周期分为发情前期、发情期、发情后期和间情期4个阶段。发情持续期是母羊每次发情所持续的时间。绵羊的发情周期为14~20天,平均为17天;山羊一般为18~24天,平均为21天。

(1)发情前期。发情前期是母羊卵泡发育的准备时期。在发情前期,上一个发情周期形成的黄体进一步萎缩和退化,卵巢上新的卵泡生长和发育,导致雌激素开始分泌,刺激生殖道血管血液供应量增加,毛细血管开始伸展和扩张,渗透性增加,阴道、阴门黏膜开始轻度充血和肿胀。子宫颈稍微松弛,子宫腺体开始生长,腺体分泌开始增多,分泌少量稀薄的黏液。母羊在发情前期没有明显的性欲表现。

(2)发情期。随着母羊卵巢上卵泡的进一步发育,雌激素分泌达到高峰,母羊表现出强烈的性欲,有明显的发情表现。主要表现在:主动接受公羊的爬跨,阴道和外生殖器充血肿胀,子宫黏膜明显增生,子宫颈口开张,子宫腺体分泌增加,有大量透明稀薄的黏液流出。发情期的末期母羊卵巢上的卵泡发育成熟,开始排卵。绵羊的发情持续期为24~36小时,山羊为24~48小时。

(3)发情后期。发情后期是指母羊排卵后黄体开始形成的时期。这一时期母羊的性兴奋状态逐渐消失,慢慢转入安静状态,雌激素分泌显著减少,黄体开始形成并分泌黄体酮作用于生殖器官,使生殖器官的充血肿胀逐渐消退,子宫腺体活动减弱,黏液分泌量减少并变得黏稠,子宫颈口慢慢闭合,子宫内膜增厚,阴道黏膜上增生的上皮细胞逐渐脱落。

(4)间情期。间情期也称休情期,主要是黄体活动的时期。这一时期,母羊的性欲完全消退,精神状态、食欲、反刍等基本恢复正常。黄体继续发育增大,分泌大量黄体酮,促使子宫黏膜增厚,为卵子受精做准备。如果卵子受精,子宫黏膜继续增厚,子宫腺体高度发育增生,为胚胎的着床做准备,母羊不再发情。如果卵子没有受精,子宫内膜回缩,腺体变小,腺体分泌活动停止,黄体开始退化,卵巢上新的卵泡开始发育,母羊开始进入下一个发情周期。

发情周期及发情持续期的长短受多种因素影响,主要包括品种、年龄、季节、营养和饲养管理方式等因素。发情季节的初期和晚期,母羊发情周期不正常的较多。在发情季节的旺季,发情周期最短,以后逐渐变长。营养水平低的母羊发情周期较短,营养水平高的母羊发情周期较长。发情期长短还与母羊年龄有关,当年出生的母羊较短,老年的母羊较长。将公、母羊混群放牧或同一圈舍混养可促进母羊发情,缩短母羊的发情周期。

三 繁殖季节

多数肉羊品种的母羊发情具有较明显的季节性,一般以 8—10 月份发情较多。饲养条件好,或经过人工培育的部分绵羊和山羊品种可以常年发情、配种,如黄淮山羊、湖羊和小尾寒羊等地方品种的发情、配种不受季节的限制,没有明显的季节性,但一般在春、秋两季配种繁殖较多。公羊发情没有明显的季节性,但由于夏季高温,公羊性欲减弱、精液品质下降、精子活力降低;公羊秋季性活动能力较强,精液质量较高。

四 发情鉴定

发情鉴定的目的是及时发现发情母羊,准确掌握配种或人工授精时间,防止误配、漏配,提高受胎率。母羊发情鉴定一般采用外部观察法、试情法、阴道检查法等方法。

1.外部观察法

外部观察法是鉴定母羊是否发情最基本、最常用的方法,一般直接通过肉眼观察母羊的行为、征象和外生殖器的变化来判定母羊是否发情。不同品种、年龄、季节和饲养管理方式等因素对母羊发情行为有一定影响。通常山羊发情表现明显,发情母羊兴奋不安,食欲减退,反刍停止,外阴部及阴道充血、肿胀、松弛,并有黏液排出,主动接近公羊,并在公羊爬跨或追逐时站立不动。绵羊发情时外部表现不太明显,发情母羊主要表现爬跨或接受爬跨,喜欢接近公羊,并强烈地摇动尾部,当被公羊爬跨时站立不动,外阴部分泌少量黏液。公、母羊混群放牧和同圈舍混养,母羊发情征象明显。初配母羊发情不明显,观察应仔细和认真,以免错过最佳配种时间。

2.试情法

生产中母羊发情鉴定较为常用的是公羊试情法。每日一次或早晚两次把试情公羊定时放入母羊群中,发情母羊拱腰翘尾,后肢张开,会主动接近或尾随公羊,当母羊站立不动并接受公羊爬跨时,可判断为发情。试情时,试情公羊的腹部可涂抹颜料,则当公羊爬跨时就在母羊臀部留下颜料痕迹,以便及时准确鉴别发情母羊。发现发情母羊时,应迅速将其分离,继续观察,并准备配种。试情公羊要求体格健壮,健康无病,年龄 2~5 周岁,性欲旺盛。为防止偷配,应用布兜住试情公羊的阴茎或者是用切除、结扎输精管或输精管移位的公羊试情。试情公羊与母羊的比例一般在1:30 左右。

3.阴道检查法

利用羊阴道开膣器观察母羊阴道黏膜、分泌物和子宫颈口的变化来判断母羊是否发情。发情母羊阴道黏膜充血、呈红色、表面光滑湿润,子宫颈口充血、松弛、开张、有黏液流出。阴道检查前,阴道开膣器须清洗、消毒灭菌,母羊外阴部清洗消毒。操作人员保定好母羊,左手打开阴门,右手拿前端闭合的开腔器,稍斜向上方缓慢插入阴门,然后水平插入阴道,慢慢转动打开开腔器,用反光镜或聚光手电筒观察阴道变化。检查结束后,略微合拢开腔器,但不要完全闭合,缓缓从阴道抽出。

▶ 第二节　配种时间和配种方法

一　配种时间

配种时间主要根据不同地区、不同养殖场(户)的产羔时间和年产胎次确定。季节性发情品种只能在发情季节集中配种。年产 1 胎的母羊,有冬季产羔和春季产羔两种,产冬羔的配种时间为当年的 8—9 月份,第二年的 1—2 月份产羔;产春羔的配种时间为当年的 11—12 月份,第二年的 4—5 月份产羔。一年产两胎的母羊,可在 4 月初配种,当年 9 月初产羔;10 月初第二次配种,第二年 3 月初产第二胎。两年三产的母羊,第一年 5 月份配种,10 月份产羔;第二年 1 月份配种,6 月份产羔;9 月份配种,第三年 2 月份产羔。

母羊发情后适时配种有利于提高受胎率和产羔率。山羊排卵时间在发情开始后 24~36 小时,绵羊排卵时间一般都在发情开始后 20~30 小时。成熟的卵子排出后,在输卵管中存活时间为 4~8 小时,公羊精子在母羊生殖道内受精作用最旺盛的时间约为 24 小时,为了使精子和卵子得到充分的结合机会,最好在母羊排卵前数小时内配种,最适当的配种时间是母羊发情后 12~24 小时,即发情中期。提倡一次配种,但为更准确地把握受孕时机,可在第一次配种 12 小时后,再进行一次重复配种。

二 配种方法

羊的配种方法有自由交配、人工辅助交配和人工授精三种,前两种又称为自然交配或本交。

1.自由交配

自由交配是最简单的、最原始的交配方式,即按一定比例将公羊放入母羊群中,让其自然与母羊交配。该方法优点是省工省时,尤其适合小规模群体和分散的群体,不需要对母羊进行发情鉴定,一般公母比例 1:(20~30)可获得较高的受胎率。缺点是公羊追逐母羊影响采食,影响母羊长膘;后代血缘关系不清,不能实施选配计划;不能准确掌握母羊的配种时间,无法推算预产期,给羔羊接产管理带来一定难度;需要饲养较多数量的种公羊;容易传染疾病。为了克服上述缺点,生产中非配种期公、母羊应分群饲养,配种期将适当比例的公羊放入母羊群。不同羊群或养殖场(户)每 2~3 年应有计划地选购或交换种公羊,以更新血统,防止近亲交配。

2.人工辅助交配

人工辅助交配是指人为地控制公、母羊的交配,非配种期将公、母羊分群隔离放牧或饲养,在配种期内,用试情公羊试情,有计划地安排指定的优秀种公羊与发情母羊配种的一种方法。这种方法不仅可以提高种公羊的利用率,延长利用年限,而且可以有计划地进行选配,能有效防止近亲交配和早配,可提高后代质量;能够准确记录配种时间,精确推算预产期,有利于有计划地安排母羊分娩和产羔管理。但人工辅助交配需要对母羊进行发情鉴定、试情、牵引种公羊等,增加了饲养管理人员的劳动强度,需要投入更多的人力和物力。人工辅助交配对中小规模肉羊养殖场和养殖户较实用。

3.人工授精

人工授精是指用采精器械采集种公羊的精液，经精液品质检查、稀释等处理后，再将优质精液输入到发情母羊的子宫颈或子宫颈口，使母羊妊娠的配种方法。人工授精可以提高优秀种公羊的利用率和母羊的受胎率，有效避免近亲交配和早配的发生，可以加速羊群的遗传进展，同时能防止疾病传播。目前，规模羊场，尤其是绵羊养殖场较多采用人工授精方法配种。

三　人工授精流程

1.人工授精的准备

肉羊实施人工授精配种前，应根据制订好的配种计划做好各项准备工作，如人工授精器械的准备、种公羊的准备和调教、与配母羊的准备等。

（1）公羊、母羊的准备。在配种开始前 1~1.5 个月，对参与人工授精配种的种公羊应采集精液在显微镜下检查精液品质。对第一次参与人工授精配种的种公羊，在配种期前 1 个月开始按计划进行采精的调教工作。配种期每天安排试情公羊在母羊圈舍试情，及时发现发情母羊，以实施人工授精配种。

（2）器械药品的准备。对羊实施人工授精前应准备好假阴道内胎、假阴道外壳、输精器、集精杯、阴道开膣器、显微镜、稀释液、常用的消毒药品等。

2.采精

采精前应选好台羊，选择的台羊应发情明显，并与采精公羊的体形大小相适应。台羊体形太大，种公羊爬跨困难；体形太小，经受不住种公羊的爬跨。

种公羊的精液用假阴道采集。安装假阴道时，光面朝内将内胎装入

外壳,两头长度相等,然后将内胎一端分别翻套在外壳上,再在外壳两端分别套上橡皮圈加以固定。值得注意的是,安装好的内胎不要出现皱褶或扭转现象。假阴道安装好后,用75%酒精棉球消毒,再用生理盐水冲洗数次。采精前的假阴道内胎应保持有一定的压力、湿度和滑润度。为使假阴道保持一定的温度,应从假阴道外壳活塞处灌入150毫升50~55℃的温水,然后拧紧活塞,调节假阴道内温度为40~42℃。为保证一定的滑润度,用灭菌后的清洁玻璃棒沾少许灭菌凡士林均匀抹在内胎的前1/3处,也可用生理盐水冲洗,保持滑润。通过通气门活塞吹入气体,以假阴道保持一定的松紧度,使内胎的内表面保持三角形合拢而不向外鼓出为宜。

采精操作时将台羊保定后,牵引公羊到台羊处,采精人员蹲在台羊右后侧,右手握假阴道后端,贴靠在台羊尾部,入口朝下,与地面成30°~45°角,公羊爬跨台羊时,轻快地将阴茎导入假阴道内,保持假阴道与阴茎呈一直线。当公羊用力向前一冲即为射精,此时操作人员应随同公羊跳下台羊背时将假阴道紧贴包皮退出,迅速将假阴道竖起,集精杯口向上,稍停,打开活塞上的气嘴放出气体,取下集精杯。采精过程中,采精现场应保持安静,不允许大声喧闹,不允许太多人围观,采精动作要稳、迅速、安全。采精结束后应及时清洗、消毒假阴道和集精杯等器械以备下次使用。采精次数一般每天1次,每周不超过5次。采精期间必须给种公羊加精饲料补充营养,加强运动,使其保持充沛体力。另外,采精期间种公羊发病时应停止采精,治愈后再采精。

3.精液品质检查

种公羊的精液品质与母羊的受胎率有直接关系,必须经过检查与评定合格后才能输精。主要检查精液的色泽、气味、射精量、活力和密度等。

公羊正常精液为乳白色,如果精液呈红褐色、淡绿色等颜色时不得使用。

刚采集的新鲜正常精液略带腥味,如有腐臭味表示公羊睾丸、附睾等生殖系统可能发生慢性化脓性病变,这种精液应弃用,并注意及时给公羊用药加以治疗。

公羊的一次射精量一般为 1 毫升左右,常用的单层集精杯多带有刻度,采精后直接查看刻度即可。

精子活力检查一般在显微镜下进行,主要观察前进运动的精子在视野中所占的比例,生产中一般要求人工授精的羊精子活力在 0.7 以上。

精子密度和精子活力同时检查,主要观察精子在视野中的数量,常分成密、中、稀三个等级,密度为中以上的羊精液可以用于人工授精。

4.精液稀释

稀释精液的目的在于提高精子活力,延长精子存活时间,增加精液量,从而增加配种母羊的数量,提高优秀种公羊的使用率。常见稀释液有以下几种:

(1)生理盐水稀释液。用注射用的 0.9%生理盐水或经过灭菌消毒的 0.9%氯化钠溶液作为稀释液。此种方法简单易行,但稀释倍数不宜超过 2 倍。

(2)葡萄糖卵黄稀释液。100 毫升蒸馏水中加入葡萄糖 3 克、枸橼酸钠 1.4 克、新鲜卵黄 20 克、青霉素 10 万国际单位,溶解过滤后灭菌冷却至 30℃备用。稀释倍数根据原精液的精子密度和活力情况,一般可以稀释 10 倍左右。

(3)牛奶(或羊奶)稀释液。用新鲜牛奶(或羊奶)以 4 层脱脂纱布过滤,蒸汽灭菌 15 分钟,冷却至 30℃,吸取中间奶液作稀释液,稀释倍数一般为 1~3 倍。

5.输精

采用人工授精方法配种的母羊在发情后应及时组织输精,为提高受

胎率每只母羊一个发情期内可以输精两次,每次间隔 8~12 小时。

(1)输精前的准备。输精前所有的器材要消毒灭菌,输精器和开膣器最好蒸煮或在高温干燥箱内消毒。输精器以每只羊准备 1 支为宜,若输精器不足,可在每次使用完后用蒸馏水棉球擦净外壁,再以酒精棉球擦洗,待酒精挥发后再用生理盐水冲洗 3~5 次才能使用。输精人员应穿工作服,手指甲剪短磨光,手洗净擦干,用 75%酒精消毒,再用生理盐水冲洗。

把待输精母羊赶入输精室或人工授精站,也可在圈舍平坦稳固的地方进行。母羊的保定,正规操作应设输精架,若没有,可采用横杠式输精架。在地上埋两根木桩,相距 1 米宽,绑上一根 5~7 厘米粗的圆木,距地面约 70 厘米,将待输精母羊的两后腿悬空担在横杠上,前肢着地,1 次可同时放 3~5 只羊,便于输精。另一种简便的方法是由一人保定母羊,使母羊自然站立在地面上,输精员蹲在坑内进行输精操作。还可以由两人抬起母羊后肢保定,高度以输精员能较方便找到子宫颈口为宜。

(2)输精。输精前应将母羊外阴部用消毒液擦洗消毒,再用清水冲洗后擦干净,或用生理盐水棉球擦洗。输精人员将用生理盐水湿润过的开膣器闭合后慢慢插入羊阴道,之后轻轻转动 90°打开开膣器。圈舍内光线较暗时,要用额灯或手电筒等辅助光源准确寻找到羊的子宫颈口,子宫颈口的位置不一定正对阴道,子宫颈在阴道内呈现一小凸起,发情时充血,较阴道壁膜的颜色深,容易找到。如找不到,可活动开膣器的位置,或改变母羊后肢的位置。输精时,将输精器慢慢插入子宫颈口内 0.5~1 厘米,将精液慢慢注入子宫颈口内。输精量应保持在有效精子数 7 500 万个以上,即原精液量 0.05~0.1 毫升或稀释后的精液 0.1~0.2 毫升。有时初配母羊的阴道狭窄,开膣器无法充分展开,找不到子宫颈口,这时可采用阴道输精,但精液量至少要提高一倍。连续输精时,每输完 1 只羊后,输精器外壁用生理盐水棉球擦净方可继续使用。输精结束后,对输精器和开膣器应立即清洗、消毒,干燥后保存。

输精的关键是严格遵守操作规程,操作要细致,子宫颈口要对准,精液量要足,输精后及时做好配种记录,母羊按照输精先后分别组建相应群体,同时加强饲养管理,以利于保胎。

第三节　产羔和羔羊护理

一　早期妊娠诊断

母羊的繁殖力直接关系到肉羊养殖的经济效益,对配种后的母羊实行早期妊娠诊断,可以快速地检测出母羊是否妊娠,从而对母羊进行分群管理和对空怀母羊进行及时补配,是提高母羊繁殖效率、促进集约化管理、提高养殖效益的重要技术措施。因此,对母羊进行早期妊娠诊断在现代肉羊生产中具有重要意义。

1.试情观察法

试情观察法是传统的妊娠诊断方法,其实质就是在母羊下一发情期到来时,通过公羊试情时母羊的表现来判断母羊是否妊娠。母羊的发情周期为 17~21 天,如果母羊配种后未妊娠,则在配种后 17~21 天会有发情表现。如果母羊妊娠,在这个时段的发情征象就会消失。因此,可以用试情法观察配种后的第 17~21 天母羊是否有发情表现来初步判断其是否妊娠。试情观察法操作简单,在生产实践中应用广泛,但准确性较低。

2.超声波探测法

超声波探测法是目前现代肉羊生产中早期妊娠诊断最常用的方法,主要使用羊用便携式 B 型超声波仪(B 超)。其工作原理是通过超声波的反射对配种后的母羊进行妊娠检查,主要探测羊胚胎是否存在、胎动、胎儿心音和胎儿脉搏等情况来进行妊娠诊断。

用 B 超诊断羊是否妊娠的方法分为直肠扫描和腹壁扫描两种。使用直肠扫描设备时需要将待测母羊蓄积在直肠中的粪便掏出,并且在使用完成后要清洗设备,费时费力,如操作不当还可能造成直肠穿孔。在母羊的 B 超妊娠诊断实践中,多在母羊配种后 30~45 天使用 3.5 MHz 或 5.0 MHz 进行腹壁扫描探查,经验丰富的操作员诊断羊的妊娠准确率可接近于 100%。

B 超检查是一种简单、可靠、非侵入性和非破坏性的成像技术应用,不会对操作者和接受检查的母羊造成不良影响。B 超诊断的准确性主要取决于操作者对 B 超仪操作的熟练程度和对图像识别累积的经验,大量的操作和图像识别经验可以提高 B 超检查的准确性。近年来,随着肉羊养殖业规模的不断扩大和集约化程度的提高,借助 B 超对母羊进行早期妊娠诊断已比较普及,该方法对提高母羊繁殖效率和肉羊的经济效益发挥了积极作用。

3.阴道检查法

阴道检查法主要是使用内窥镜观察阴道黏膜颜色、黏液稀薄程度和子宫颈口的变化进行妊娠诊断。当使用内窥镜观察母羊阴道黏膜时,空怀母羊的阴道黏膜始终为粉红色;母羊妊娠一段时间后,黏膜会由粉红色变为苍白色。妊娠母羊的阴道黏液量较少,呈透明状且比较黏稠;未妊娠母羊的黏液量很多,颜色灰白且较为稀薄。妊娠母羊的子宫颈紧闭,子宫颈口处会出现糊糊状的黏块,形成“黏液栓”。用阴道检查法检查配种后 60 天的母羊,妊娠确诊率可达 95%。但由于诊断时间较晚,基本达不到早期妊娠诊断的目的,且需要有丰富经验的专业技术人员操作和诊断。

4.激素测定法

母羊妊娠后,血液中黄体酮含量较未妊娠母羊显著增加,可利用这个特点对母羊做早期妊娠诊断。一般在母羊配种后 20~25 天,采集颈静脉血用放射免疫法测定血液黄体酮含量。有研究表明,不同品种、不同季节血浆黄体酮含量变化较大,缺乏有效标准参考值,以准确判断母羊是否妊娠。同时,采用放射免疫法检测黄体酮含量的仪器设备昂贵,对操作人员技术水平有一定要求,并且耗时长和存在一定的放射性危害,因此,生产中很少使用。

5.免疫学诊断法

羊妊娠后,胚胎、胎盘及母体组织分别能产生一些化学物质,如某些激素或某些酶类等,其含量在妊娠的一定时期显著增高。其中,某些物质具有很强的抗原性,能刺激动物机体产生免疫反应,而抗原与抗体的结合,可在两个不同水平上被测定出来:一种是先荧光染色或做同位素标记,然后在显微镜下定位;另一种是抗原抗体结合,产生某些物理性状,如凝集反应、沉淀反应,利用这些反应的有无来判断母羊配种后是否妊娠。早期妊娠的绵羊含有特异性抗原,这种抗原在受精后第 2 天就能从一些妊娠母羊的血液里检测出来,从第 8 天起可以从所有试验母羊的胚胎、子宫及黄体中鉴定出来。这种抗原是和红细胞结合在一起的,用它制备的抗妊娠血清,与妊娠 10~15 天期间母羊的红细胞混合出现红细胞凝集作用,如果没有妊娠,则不发生凝集现象。

二 预产期的确定

从母羊开始妊娠到羔羊产出的一段时间叫妊娠期,羊的妊娠期一般在 150 天左右,随品种、个体、年龄、饲养管理条件的不同而略有差异。山羊妊娠期为 146~160 天,绵羊为 146~155 天。

根据配种记录,羊的预产期可以按配种日期以"月加五,日减四或二(2月份配种的日减一)"的方法进行推算,具体见表 4-1。例如 3 月 6 日配种怀孕的母羊其预产期应为 8 月 2 日,11 月 8 日配种怀孕的母羊预产期则为次年的 4 月 6 日。

表 4-1　预产期推算表

配种时间	1月	2月	3月	4月	5月	6月	7月	8月	9月	10月	11月	12月
预计分娩期	6月	7月	8月	9月	10月	11月	12月	1月	2月	3月	4月	5月
推算时应减日数	2	2	4	4	4	4	4	4	4	2	2	2

（三）产房和用具的准备

目前,国内肉羊生产中产羔多集中在春、秋或冬季。春、秋季日夜温差较大,冬季气温较低。为避免羔羊患病,应做好圈舍的保温。有条件的规模羊场建议建设专门的产房,规模较小的养殖场或养殖户可在羊舍内隔出一定面积做产房。产房要求干燥、光线充足、通风良好、防寒保暖,冬季最好有增温设施设备,面积一般为每只母羊 1.8~2.0 米²。

在母羊分娩前 1 周左右,产房应进行维修并彻底清扫干净,同时清除积粪,舍内墙壁、地面、食槽及劳动用具等要清洗消毒。消毒可用火焰消毒或用常规消毒液喷雾消毒。地面平养的,在地面上垫 5 厘米左右厚的细沙土或细干土后,再铺上干净柔软的干稻草或其他秸秆;高床饲养的,在漏粪地板上建议增加一块木板,供羔羊在上面休息,防止冬季羔羊腹部受凉引起消化不良。另外,准备充足的碘酒、酒精、高锰酸钾、药棉、纱布及相关产科器械和药品等。

（四）产羔

产羔或分娩是指母羊经过 150 天左右的妊娠,将发育成熟的胎儿和胎盘从子宫排出体外的过程。母羊在产羔前会在行为、外阴部、乳房等方面发生较大的变化,综合这些变化可以推测大概的产羔时间,以便于做好相应的接产准备。

母羊临近产羔时,乳房胀大,乳头竖立,乳房静脉血管怒张,用手可挤出少量浓稠的初乳。骨盆韧带产前 1~2 周开始松弛,尾根两侧下陷,腹部下垂,肷窝凹陷。外阴部阴唇肿大潮红、有黏液流出。母羊临产前常精神不安,行动迟缓,频繁回头看腹部,卧立不安,独立墙角或趴卧,趴卧时四肢伸直,排尿频次增加,前肢挠地,临产前有努责现象。发现上述现象时,应注意抓紧时间做好接产准备。

五 接产

母羊产羔时,在非必要的情况下,不要人为干扰,应保持相对安静的环境,让母羊自然顺利分娩。母羊产羔多数能自行正常进行,一般羊膜破水后 10~30 分钟,羔羊即能顺利产出。通常羔羊两前肢和头部先出,当头也露出后,羔羊就能随母羊努责而顺利产出。产双羔或多羔时,一般先后间隔 5~30 分钟,个别时间可能更长些。母羊产出第一只羔羊后,如果仍表现不安、卧地不起或起来又卧下、努责等,就有可能还有羔羊待产。不能确定的时候,可用手在母羊腹部前方用力向上托起,如能触到一个硬而光滑的胎儿,说明母羊子宫中仍有羔羊待产。一般经产母羊产羔过程比初产母羊要快。

1.难产与助产

生产中,经常遇到有的初产母羊、体质较弱母羊或多胎母羊在分娩第二只、第三只羔羊的时候因为体力不支、产力不足时需要助产。一般在羊膜破水 30 分钟后,发现母羊出现努责无力,羔羊还没有产出等情况,应及时予以助产。助产前,助产人员应剪短、磨光手指甲,消毒手臂,涂上润滑油或润滑剂。生产中遇到的母羊难产主要有以下几种情形:

(1)产力性难产。指母羊阵缩及努责微弱,主要由于分娩时母羊子宫及腹壁肌肉收缩次数少、时间短和收缩强度不够引起。此时可肌内或静脉注射催产素 10~20 国际单位,观察母羊分娩进程,待其自然娩出,但这种方法并不十分可靠。根据生产的实际情况,可将外阴部和助产者的手臂消毒后,将手伸入产道,抓住胎儿的头部,缓慢均匀地用力,把胎儿拉出。

（2）胎儿性难产。主要由于胎儿的姿势、位置和方向异常引起，表现为胎儿横向、竖向，胎儿下位、侧位，头颈下弯、侧弯、仰弯，前肢腕关节屈曲，后肢跗关节屈曲等。此时需要助产人员进行人工助产，如胎儿过大，应把胎儿的两前肢拉出来再送进产道，反复三四次扩大阴门后，配合母羊阵缩补加外力牵引，帮助胎儿产出。如遇胎位、胎向不正时，助产人员应配合母羊阵缩间歇时，用手将胎儿轻轻推回腹腔，手也随着伸进阴道，用中指、食指对异常的胎位、胎向、胎势进行矫正，待纠正后再抓住胎儿的前肢或后肢把胎儿拉出。

（3）产道性难产。主要是由于母羊阴道及阴门狭窄或子宫肿瘤等引起，在生产中多见胎头的颅顶部在阴门口，母羊虽使劲努责，但仍然产不出胎儿。此时，助产人员可在阴门两侧上方，将阴唇剪开1~2厘米，两手在阴门上角处向上翻起阴门，同时压迫尾根基部，以使胎头产出而解除难产。如果分娩母羊的子宫颈过于狭窄或不能扩张，有经验的助产人员可以考虑进行剖腹产手术。

（4）双羔同时楔入产道。在母羊产双羔或多羔时可见，此时助产人员应将消毒后的手臂伸入产道将一个胎儿推回子宫内，把另一个胎儿拉出后，再拉出推回的胎儿。如果双羔各将一个肢体伸入产道，形成交叉的情况，则应先辨明关系。助产人员可通过触摸腕关节和跗关节的方法区分前后肢，再顺手触摸肢体与躯干的连接，分清肢体的所属，最后拉出胎儿解除难产。

助产应及时，过早不行，过迟母羊体力消耗过大，羊水流尽不易产出或者羔羊因长时间缺氧导致窒息死亡。

2. 假死羔羊的救治

出生的羔羊如果出现发育正常、没有呼吸或呼吸很微弱，但仍有心跳的现象，生产上称作假死。造成假死的原因主要有胎儿过早发生呼吸动作而吸入了羊水、子宫内缺氧、难产、分娩时间过长或受惊等。遇到这种情况一定要认真检查,不应把假死的羔羊当成真死的羔羊扔掉,以免造成不必要的经济损失。对假死的羔羊救治,首先要迅速清除羔羊呼吸道内吸入的黏液、羊水等污物,然后擦净鼻孔,向鼻孔吹气或进行人工呼吸;或让羔羊仰面平躺,体躯前低后高,手握前肢,反复前后屈伸,然后用手轻拍胸部两侧;或提起羔羊两后肢,悬空并用手轻轻拍击其背、胸部。

六 产后母羊和初生羔羊的护理

1.产后母羊的护理

产后母羊应保持安静休息,注意保暖、防寒、防潮、避风,预防感冒。母羊分娩后因体力消耗大和体液流失多,非常疲惫,口渴,应给母羊饮温水,最好是用麸皮、食盐和温热水调制成的麸皮盐水汤,以补充母羊分娩时体内水分的消耗,帮助其维持体内酸碱平衡,增加腹压和恢复体力。但母羊第一次饮水量不要过大,一般以 500 毫升左右为宜。产后第一次饮水过量,容易造成真胃扭转等疾病。产后头几天应喂质量好、容易消化的饲料和优质青干草,量不宜过多,经过 3 天,即可转为正常饲料。

2.初生羔羊的护理

羔羊产出后其身上的黏液最好让母羊主动舔净,这样既可促进新生羔羊血液循环,也有助于母羊认羔。如母羊母性差,不主动舔食初生羔羊身上的黏液时,可将胎儿身上的黏液涂抹在母羊嘴上,引诱它舔净羔羊身上的黏液,也可以在羔羊身上撒些麦麸,引导母羊舔食。如果母羊不舔或天气寒冷时,可用柔软干草或者用消过毒的毛巾把羔羊口腔、鼻腔里的黏液掏出、擦净,以免羔羊因呼吸困难、吞咽羊水引起窒息或异物性肺炎。同时,避免羔羊受凉。

羔羊出生后,脐带一般会自然扯断。在人工助产下分娩的羔羊或者没有自行断脐的,可由接产人员断脐带。先用手把脐带内的血向羔羊脐部方向捋几下,然后在离羔羊肚皮 3~4 厘米处一只手固定住靠近羔羊腹

部的部分,另一只手抓住剩下部分用力拧断,也可以用止血钳夹断或剪断,并涂抹碘酒消毒,防止断脐口处感染。胎衣通常在母羊产羔后0.5~1小时自然排出,接产人员一旦发现胎衣排出,应立即取走,防止被母羊吃后养成咬羔、吃羔等恶癖。

羔羊出生后,使其尽快吃上初乳,一般应在1小时以内,越早越好。初乳就是母羊分娩后在4~7天内分泌的乳汁,色泽微黄,略有腥味,呈浓稠状。初乳的营养物质十分丰富,与常乳相比干物质含量约高2倍,其中矿物质约高1.5倍,蛋白质高出3~5倍,并且富含维生素。特别重要的是,初乳含有多种抗体、酶、激素等,这些物质可以增强初生羔羊对疾病的抵抗能力,并且具有轻泻作用,以便羔羊及时排除胎粪,增进食欲,强化消化功能,所以应尽早地给羔羊哺喂初乳。对瘦弱的羔羊、初产母羊或母性差的母羊,需人工辅助羔羊找到乳头及早吃初乳。对母羊产后缺奶的,也应先让羔羊吃到初乳之后,再找差不多同时期分娩的、奶水较多的其他母羊进行寄养或者用羔羊代乳粉人工饲喂。

▶ 第四节　提高母羊繁殖力的技术措施

母羊的繁殖力是指母羊在保持正常繁殖功能情况下生育后代的能力,是用来评价母羊生产力的一个重要指标。繁殖力受品种、繁殖技术、饲料营养、饲养管理和环境等诸多因素影响。生产上,主要通过缩短母羊产羔间隔时间,提高繁殖次数;或者提高母羊每胎的产羔数量等技术手段来提高母羊的繁殖力。

一　选择繁殖力高的品种

羊的繁殖力受遗传因素影响较大,肉羊养殖场(户)选择高繁殖力的品种对提高群体的繁殖力和经济效益有直接影响。安徽省内养殖的主要地方品种羊都具有常年发情和较高的繁殖力等优良特性,如黄淮山羊的繁殖率为239%、湖羊繁殖率为230%、小尾寒羊繁殖率为270%左右等,这些品种都是发展肉羊生产的优良品种。生产中常引进国外专门化肉羊品种杂交改良地方品种,以提高杂交后代的初生重、生长速度、屠宰率和产肉率。建议在杂交改良过程中以国外品种为父本、地方品种为母本,同时加强对杂交后代繁殖率的测定,一般应保持繁殖率不低于200%。

二 加强种羊饲养管理

在品种相同的情况下,饲养管理是影响羊繁殖力的一个重要方面,饲养管理的好坏直接影响母羊的发情配种,母羊的膘情好,其发情率和配种受胎率相应较高。有研究表明,母羊在配种前,平均体重每增加1千克,其排卵量增加2%~2.5%,产羔率相应提高1.5%~2%。因此,应在配种前30天左右开始加强母羊的饲养管理,使其配种时达到中上等膘情。

同时,公羊的体况、精液品质等也直接与母羊的受胎率、产羔数相关。因此,应在配种前50天左右开始加强种公羊的饲养管理,保证配种时公羊具有最佳的膘情、充沛的体能、旺盛的性欲和品质优良的精液。

三 选留多胎种羊后代作种用

因为遗传的关系,母羊繁殖力高,一般其后代繁殖力较高的可能性较大。实践中,一般母羊第一胎产双羔或多羔的,在相同条件下以后胎次产双羔或多羔的概率也非常大。因此,选留种羊时,应注重加强每胎产羔数量的选择,尽量选择产多羔的公羊、母羊作为种羊参与繁殖配种。配种时,尽量选用产多羔的公羊配产多羔的母羊,所产后代的多胎公、母羔羊经过选择培育留作种用。以此为基础,逐步组建高繁殖力的核心基础群,

从而提高羊场群体羊的繁殖力。

（四）羔羊早期断奶

羔羊早期断奶主要依据羔羊机体发育水平，尤其是瘤胃发育水平来确定。6~8周龄时羔羊的瘤胃发育接近完善，已可以和成年羊一样采食大量饲草和饲料，同时羔羊开始反刍，具备从饲草和饲料中获取生长发育所需营养的能力。从母羊产后泌乳规律来看，产后3周泌乳达到高峰，然后逐渐下降，母乳已不能完全满足羔羊快速生长发育的营养需要。综合以上因素，羔羊以6~8周龄时断奶较为合适，目前生产中羔羊多在40~45日龄断奶。早期断奶对羔羊的培育条件要求较高，必须解决人工喂乳及人工育羔等方面的技术问题。

通过人为控制母羊的哺乳期，可缩短母羊的生产间隔，提高生产胎次，使母羊一年生产两胎或者两年生产三胎，达到多胎多产，从而提高母羊繁殖力。

（五）应用繁殖调控技术

生产实践证明，运用同期发情、超数排卵和胚胎移植等繁殖调控技术，是有效提高肉羊繁殖力的重要技术措施。目前，较常运用的是同期发情技术。

同期发情是指利用某些外源激素人为调节一群母羊的发情周期，使羊群在预定的时间内集中发情的技术。通常采用两种方法：一种是延长黄体期，即使用孕激素类药物，抑制母羊发情；另一种方法是缩短黄体期，即利用前列腺素 $F2\alpha$（$PGF2\alpha$）及其类似物同时处理母羊，促使其黄体退化。同期发情可认为是群体性诱导发情，不但可以作用于周期性发情的母羊，还能使处于乏情状态的母羊出现周期性活动，生殖功能得以恢复，因此可以缩短繁殖周期，从而提高母羊的繁殖力。

同期发情技术使母羊群体发情、配种、妊娠、分娩等过程相对集中,便于商品羊及其产品的成批生产,有利于更合理地组织生产和有效地进行饲养管理,对于工厂化、规模化养羊有很大的实用价值。羊同期发情处理的主要方法如下:

1.孕激素＋PMSG法

将浸有孕激素的海绵置于羊子宫颈外口处,10~14 天后取出,当天肌内注射孕马血清促性腺激素,剂量为绵羊 200~500 国际单位、山羊 200~300 国际单位,一般 30 小时左右母羊即有发情表现,发情当天和次日各输精一次或与公羊自然交配。常用孕激素的种类和剂量为:黄体酮 150~300 毫克,甲羟孕酮 50~70 毫克,甲地孕酮 80~150 毫克,18 甲基–炔诺酮 30~40 毫克,氟孕酮 20~40 毫克。或者每日将一定数量的药物均匀拌入饲料,连喂 12~14 天。口服药物用量为阴道海绵法的 1/10~1/5,最后一次口服药的当天,肌内注射孕马血清促性腺激素 400~750 国际单位。

2.孕激素＋PMSG＋PGF2α法

母羊阴道埋植黄体酮栓 16 天,在撤栓前两天,肌内注射 PMSG 200~500 国际单位,撤栓时对每只母羊肌内注射 PGF2α 1 毫克。

3.三合激素法

虽然孕激素和前列腺素在羊同期发情处理上获得了很好的效果,但费用较高。目前,在实际生产中更多使用的是价格低廉、应用方便、效果较好的国产三合激素。其中每毫升含有丙酸睾酮 25 毫克,黄体酮 12.5 毫克,苯甲酸雌二醇 1.5 毫克。每只母羊皮下注射 1 毫升,一般 2~3 天后会集中发情。

第五章 肉羊育肥技术

肉羊饲养的最终目的是生产优质羊肉，送到千家万户的餐桌上，为人们提供优质、味美的羊肉系列产品，同时给养殖场（户）带来经济效益。肉羊育肥是指商品羊在出售前2~3个月进行集中舍饲、添加优质饲草进行肥育，以提高商品羊的出栏体重、屠宰率、胴体品质和经济效益。肉羊育肥要应用科学的饲养管理技术，以尽可能少的饲料获得尽可能高的日增重，缩短出栏上市时间，并生产优质的羊肉。

▶ 第一节　肉羊育肥的准备

为确保肉羊育肥能够取得明显成效，在育肥前应做好以下准备工作：

一　羊舍的准备

肉羊的育肥一般采用全舍饲或半放牧半舍饲的方式进行，这两种方法都必须要有羊舍。羊舍建设地点应选在有利于通风、排水、采光、向阳及饲草、饲料进出的地方。根据因地制宜的原则，育肥羊舍要求方便饲养管理和清洁卫生，能保证具有最基本的防暑降温、防寒保暖、遮风挡雨等功能。饲养密度不宜过大或过小，过大会引起羊舍的空气潮湿、污浊等，如氨气浓度增大会引起羊群发病；过小会造成单位建筑成本的增加，一般圈内面积每只羊 0.4~0.5 米²即可。对于已有的圈舍,育肥前要认真检查圈舍屋顶是否漏雨。

二 饲草、饲料的准备

饲草、饲料是羊育肥的基础,在育肥工作开始前,应根据育肥羊只数量及每只羊每天的采食量计算出整个育肥期所需的饲草、饲料的总量,并根据所需要的总量储备充足的饲草和饲料,防止因准备不足而频繁更换饲草、饲料种类,从而影响育肥的效果。一般整个育肥期每只羊每天要准备干草 1~1.5 千克或青贮饲料 3~5 千克,精饲料按每只羊每天 0.5~1 千克准备。见表 5-1。

表 5-1　育肥期间每只肉羊每天需要的饲料量(千克)

饲料种类	成年羊	羔羊(体重 14~50 千克)
干草	1~1.5	0.5~1.0
青贮玉米	3~4	2~3
精饲料	0.5	0.5~1

三 育肥季节的选择

育肥季节的选择应根据羊肉市场需求量来确定。一般根据国内居民的消费习惯,市场对羊肉的需求旺季主要在每年的 11 月份到第二年的 2 月份,高峰期在元旦至春节。因此,育肥的商品羊在冬季出栏较为适宜。按育肥期 3 个月推算,肉羊的育肥季节应选在 8—9 月份,此时气温适宜,牧草、农作物秸秆丰富,有利于育肥饲草、饲料的储备和肉羊的快速生长。但不同地区有不同的饮食习惯,不同季节对羊肉的需求量也有差异。如安徽省萧县、江苏省徐州市等地兴起的伏羊节对羊肉的需求就集中在每年的 7—8 月份。同时,随着羊肉产品的宣传、推广及消费观念的转变,市场夏季消费烤全羊、烤羊肉串等羊肉制品的群体在不断增加,预

期将来羊肉消费将趋于淡季不淡、旺季不旺的态势。

（四）育肥羊的准备

育肥羊首选本场自繁自养的羊,其次选择购入断奶羔羊和当年的青年羊,最后选择淘汰老龄的架子羊。选好育肥羊后,先根据体形大小、体质强弱合理分群,再用常用的驱虫药物给育肥羊群体驱虫,然后饲喂健胃药促进育肥羊的消化功能,同时日粮逐步过渡到育肥期的日粮。育肥期间做好相关生产记录,尤其是对育肥羊进行育肥前后的称重,以便评价育肥效果,适时调整育肥方案,并总结经验与教训。

（五）育肥方式的选择

肉羊的育肥方式根据划分的标准而异。一般地,按照规模大小可分为适度规模的农区型、中等规模的牧区型和专业规模的集约型;按照羊的年龄可分为哺乳期羔羊育肥、断奶羔羊快速育肥和成年羊快速育肥;按照饲养方法可分为舍饲育肥、放牧育肥和混合育肥等。

1.按照规模大小划分

（1）适度规模的农区型。该类型适用于饲草、饲料资源丰富的广大农区,主要是利用丰富的农作物秸秆、藤蔓、农副产品等,也可利用秸秆的青贮、干草等饲料资源。农区型饲养成本较低,放牧方式较灵活,可进行多种形式放牧,例如采用田间地头的牵牧、拴牧、联户放牧等。同时,也可使用草山草坡和林间草场,这些草场养羊的适度规模,以每户50只能繁母羊最适宜,效益较好。

（2）中等规模的牧区型。此种规模饲养的羊只数量多、经营管理粗放;一般全年放牧,冬季少量补饲,羊群出栏率和商品率低。此种规模饲养要注意:推行夏、秋季放牧育肥羔羊,入冬前宰杀,而在冬、春季节,保存繁殖母羊及后备羊,以减少饲养成本。一般牧区在7—9月份产草量最高,牧草营养价值也较高,利用此期育肥羔羊生长速度快,在经济上最合算。

(3)专业规模的集约型。该类型主要适用于建立在肉羊生产专门化分工越来越细和具有经营管理水平基础之上的企业,它按工厂化生产肥羔或工厂化生产育肥羊。我国专门化育肥羊生产起步较晚,主要是受传统观念、经济水平等因素限制,目前有一些企业正在推行专门化的规模育肥羊生产,主要体现在只生产育肥羊,且每批次出栏育肥羊数量较多。

2.按照羊只年龄划分

(1)哺乳期羔羊育肥。哺乳期羔羊育肥主要是利用哺乳期羔羊生长发育快的特点,采取相应的饲养管理技术,当羊体重达到一定要求时即屠宰上市的育肥方式。此种育肥方式的优点是能获得最大的饲料报酬,节省了育肥成本,获得了最大的经济效益。但此期育肥特点是羊胴体偏小,羔羊来源少,规模上受到限制。

(2)断奶羔羊快速育肥。羔羊断奶后进行育肥是肉羊生产的主要方式,因为断奶后羔羊除小部分选留到后备群外,大部分要进行出售处理。一般地讲,对体重小或体况差的羔羊进行适度育肥,对体重大或体况好的进行强度育肥,均可进一步提高经济效益。此种技术灵活多样,可根据当地草场、农作物秸秆情况和羔羊类型选择育肥方式。

(3)成年羊快速育肥。成年羊快速育肥主要利用成年羊特别是成年母羊补偿生长的特点,采取相应的育肥措施,使其在短期内达到一定体重就屠宰上市,是国内育肥羊生产的主要方式。成年羊育肥一般要注意下列问题:一是选择膘情中等偏上的羊只育肥,已经很肥的羊只不宜再育肥,膘情太差的羊可能是早期生长发育受阻或年龄过老造成的,也难以达到育肥效果;二是要合理配制日粮,根据成年羊瘤胃消化功能完善和脂肪增加等特点,充分利用牧草和能量饲料,以便降低饲养成本;三是

严格控制育肥期在 50 天左右,因为这时成年羊的生长发育已基本停止,当补偿生长完成后,其饲料转化率和生长速度都会降低,育肥时间过分延长,经济效益较差。

3.按照饲养方法划分

(1)舍饲育肥。舍饲育肥,即在舍饲条件下,按照饲养标准配制日粮,并以较短的肥育期和适当投入生产肉羊的一种育肥方式,一般适于规模化肉羊生产。应注意充分利用农作物秸秆、干草及农副产品,精饲料可以占到日粮的 45%~60%。随着精饲料比例的增加,羊只育肥强度加大,应给肉羊一定的适应期,以防采食精饲料过多引起的瘤胃酸中毒、肠毒血症、尿结石等疾病。羊场如有条件的话,可以购买饲料颗粒机,生产加工颗粒料进行饲喂效果最好。

(2)放牧育肥。主要是利用天然草场、人工草场或农村的秋茬地放牧抓膘的一种育肥方法,一般牧区或农区的小规模散养农户多采用这种方式育肥。

(3)混合育肥。混合育肥是在放牧的基础上,根据羊只的具体情况,同时补饲一些混合精饲料进行的育肥,这也是目前牧区和广大农区多采用的育肥方式,其规模可大可小,便于操作,且成本较舍饲育肥低。应注意以下两点:一是放牧羊只是否转入舍饲育肥,主要看羊只的膘情和体重情况等;二是根据牧草生长情况和羊只采食情况,采取分批舍饲与上市的方法效果较好。

4.根据育肥工艺划分

(1)强度育肥。强度育肥是指羔羊断奶后(一般羔羊至 6 月龄、体重 40 千克以上)即给予较多的精饲料促进其快速生长的饲养工艺。

(2)阶段性育肥。是指育成的架子羊、高龄淘汰羊经 2~3 个月的精饲料饲养以实现短期快速增膘的饲养工艺。

总之,肉羊的育肥应按照因地制宜的原则,根据育肥羊的不同类型,选择不同的育肥方式进行,力求取得最佳的育肥效果,从而取得最大的经济效益。

第二节　成年羊育肥技术

用于育肥的成年羊一般年龄较大,产肉率低,肉质较差,主要包括淘汰的老、弱及丧失种用价值的公、母羊。通过集中优饲育肥,增加肌间和皮下脂肪的沉积,使肉质变嫩,改善羊肉的品质,让其快速达到出栏上市的要求,从而提高养殖的经济价值。

一　育肥期成年羊的生理特点

成年羊在育肥时已经基本停止生长发育,育肥期的增重主要是肌间脂肪、皮下脂肪等的沉积。因此,成年羊育肥期需要大量的能量,其日粮的营养需要除能量以外,其他营养成分可以略低于羔羊。多数情况下,不同品种的成年羊在育肥时,达到相同体重的能量需要高于肉的增重,从而增加了单位增重的饲料消耗量。成年羊在育肥过程中其品质会发生很大的变化,主要体现在羊肉中水分相对减少,脂肪含量增加,能量增加而蛋白质含量有所下降。

二　成年育肥羊的选购与调运

成年育肥羊首选自家羊场自繁自育的肉羊,其次再考虑从外地选购。随着专业化育肥羊场数量的增加,从外地选购肉羊进行异地育肥的需求也越来越多。安徽省就有多家羊场常年从西藏、青海、新疆、内蒙古、甘肃等省(区)购买肉羊进行集中育肥,并取得了较好的经济效益。

1.成年育肥羊的选购

不同品种、年龄、性别的肉羊其生长速度差异较大,生长速度快的育肥羊育肥期日增重可在 250 克以上,慢的日增重只有 50~100 克。因此,育肥羊的选购是保证育肥效果和效益的关键,应给予高度重视。在选购成年育肥羊时应重点注意以下问题:

(1)体形外貌。选购时,主要通过眼看和手摸方式进行。用眼观察所选羊的头、嘴、四肢和体形。一般头粗短、腿粗壮的羊肉用性能较好,育肥期增重速度快。嘴部口叉长的羊采食量大、耐粗饲,育肥期容易长膘,增重效果好。架子大、体躯长、肋骨开张良好、背腰平直、体形呈圆筒状的成年羊,体表面积大、肌肉附着多,育肥期增重大。手摸主要触摸所选羊的十字部、背部,以判断羊的膘情。如果十字部、背部骨骼突出明显,几乎没有肌肉的,表明羊的膘情较差;骨骼上稍有肌肉的,羊的膘情中等;手感肌肉稍丰满,骨骼突出不明显的,表明羊的膘情较好。从外地选购回来准备育肥的成年羊,一般膘情较差或中等,但也能获取较好的育肥价值。膘情好的肉羊一般直接出栏销售或屠宰上市,不需要再进行育肥。

(2)精神状态。选购时应认真观察所选羊的精神状态,选购精神状态良好、健康无病的成年羊。精神沉郁、被毛粗乱、步态不稳、卧地不起的羊多数属病羊,在选购的时候应注意予以挑出,不得购买。另外,在选购成年羊时应尽量挑选周岁左右的公羊,不宜选购年龄过大的淘汰羊。

(3)疫病情况。育肥成年羊尤其是异地育肥,羊的选购一般在专门的羊交易市场进行。有周边肉羊养殖农户运到交易市场的羊,也有羊贩子贩运到交易市场的羊,甚至出现"从全国买,卖到全国"、"北繁南育"和"北羊南调"等现象,羊的来源较复杂。因此,在选购成年羊时,应详细了解羊的来源地及当地羊疫病流行情况,杜绝从疫区选购成年羊。同时,应仔细检查每只羊的健康状况,坚决不选购病羊。

2.育肥羊的调运

选购好的成年育肥羊要安全地运输到目的地羊场,是育肥工作中的一个重要环节,应做好相关工作以避免因运输造成的不必要损失。

(1)准备工作。育肥羊调运前制订调运计划,明确起运发车时间、途中运输时间和到达目的地的时间等相关内容,并根据计划联系落实好有活畜禽运输经验的司机和押运员。运输车辆在运输前应用烧碱溶液或其他消毒药物彻底喷雾消毒,并在装车前给车上铺满柔软的垫草。运输前对所有的羊应进行检疫,并要求所在地畜牧兽医主管部门出具场地检疫证、运输检疫证和运载工具消毒证等证明材料,以备运输途中的公路检查和以后使用。

(2)调运方法。常用汽车进行调运,一般使用普通的单层货车或双层的专用货车。双层专用货车运输量大,每只羊的平均运输成本较低。装车时羊的密度要适当,避免过于拥挤。车辆行驶过程中,车速不能过快,保持匀速行驶,避免突然加速或急刹车,以防羊跌倒或被挤压致死。长时间运输途中,可短暂停车吃饭并检查羊的状况,但不得停车住宿休息,可配两位驾驶员轮流驾驶。

(3)调运时间。育肥羊的调运建议在温度较适宜的春、秋季进行,冬季调运应注意防寒保暖,夏季高温不宜调运。晚间温度较低时,早晨装车白天运输;白天温度较高时,傍晚装车晚间运输。

(4)运输应激处理。成年育肥羊在调运过程中不可避免会产生一定程度的运输应激,一般距离越远、时间越长,运输应激越大,主要表现为羊感冒、咳嗽、流鼻涕、流眼泪、腹泻等。有条件的在运输前2~3天开始在羊的饮水里添加复合电解多维和黄芪多糖,可以减缓运输中羊的应激反应。羊到达目的地后,不要急于饲喂和饮水,应让羊进圈舍安静休息,熟悉新环境并逐渐安定下来。2小时后可以饮少量的水,水中添加适量的复

合电解多维和黄芪多糖。6小时后可以饲喂少量优质干草，不要喂精饲料。以后逐渐增加饮水量和干草的饲喂量，3天后可以添加精饲料，逐步恢复到正常的饲喂量和饲养管理方式。

三 成年羊育肥技术要点

1.合理组群

凡不做种用的成年羊和淘汰的老弱瘦残羊都可用作育肥。首先进行驱虫、健胃、修蹄，然后按老幼、强弱、公母进行分群和组群，以便于饲养管理和精准饲喂。根据育肥羊舍每圈或每栏的大小，每群羊数量以10~20只为宜。育肥山羊数量可适当减少，绵羊则可适当增加。

2.效益优先

成年羊的育肥目的不是盲目追求日增重的最大化，而是经济效益的最大化，尤其在舍饲肥育条件下，肉羊增重通常是以消耗大量精饲料为基础的。因此，在考虑育肥期增重时，应保持效益优先的原则，确定合理的最优饲喂方案和育肥强度。生产中，主要根据饲养管理方式，采取相应的日粮组成及饲喂量，并结合生产实际效果进行相应的调整。

3.舍饲育肥

在效益优先的原则下，为保证良好的育肥效果，一般成年羊建议采用舍饲育肥。舍饲能够给育肥羊提供较适宜的生活环境，降低运动量，减少了相应的营养消耗，有利于肉羊增重和经济效益的提高。

4.适度规模

育肥应坚持适度规模原则。实际生产中，育肥规模并不是越大越好，而应该在合理预测育肥羊出栏时当地肉羊或羊肉价格的前提下，根据自身的经济条件、饲养管理水平以及饲草和饲料资源状况等确定适度的规模，以保证经济效益。小规模养殖场或农户，以成年羊育肥的山羊每批次

不宜超过 300 只,绵羊不超过 500 只。专业的规模化育肥场育肥成年羊,每批次山羊 500~1 000 只,绵羊不超过 2 000 只。避免盲目扩大育肥羊规模,却因市场行情变化、饲养管理不到位等造成不必要的经济损失。

5.适时出栏

育肥的成年羊出栏时并不是体重越大越好,也不是育肥期越长,育肥羊的增重越大,经济效益就越高。应在市场调研的基础上,了解市场对育肥羊体重的要求,确定羊合理的出栏体重和育肥期。育肥期过短,育肥效果不明显;育肥期过长,肉羊增重缓慢,饲料回报低。因此,应在育肥羊达到市场价格最高、最好销售的体重时适时出栏销售。成年羊的育肥期一般在 60~75 天,不宜超过 90 天。出栏体重,山羊一般在 40~50 千克,绵羊在 50~60 千克。

6.饲喂方法

专业肉羊育肥场或条件较好、规模较大的育肥场提倡颗粒饲料饲喂或者采用全混合日粮饲喂育肥羊,条件有限的小规模育肥场和农户建议先喂干草、青贮饲料等粗饲料,再喂精饲料。饲喂时应做到定时、定量,日喂 2~3 次,自由采食,每次以不剩饲料为原则,自由饮水。育肥期全程使用颗粒饲料饲喂的应注意防止育肥羊消化道疾病的发生,精饲料饲喂量较大时应注意防止育肥羊瘤胃酸中毒、公羊尿结石等病的发生。

▶ 第三节　羔羊育肥技术

国外羊肉生产中,以羔羊育肥生产优质的羔羊肉占主导地位,美国市场上的羊肉 90%以上是育肥的羔羊肉,养羊收入的 70%来自羔羊生产。澳大利亚、新西兰、阿根廷等传统养羊大国的羔羊肉产量占羊肉总产量

的 80%以上。国内随着市场经济的快速发展，人们对羊肉品质的要求越来越高,市场对羔羊肉的需求越来越旺盛,价格也水涨船高。因此,通过羔羊育肥生产优质羔羊肉有着广阔的市场前景和显著的经济效益。

一 羔羊育肥的优点

1.羔羊肉品质好

与其他畜禽肉相比,羊肉富含多种人体必需的氨基酸、维生素和钙、磷、铜、锌等多种矿物质元素。特别是羔羊肉肉质鲜嫩,具有瘦肉多、肌肉纤维细嫩、胴体总脂肪含量低、肥而不腻、膻味轻、味美可口、容易消化吸收等特点。另外,羔羊肉中的胆固醇含量较低,相关试验结果显示,羔羊肉中胆固醇含量为 270 毫克/千克,而成年羊肉为 600 毫克/千克,牛肉为 740 毫克/千克,兔肉为 830 毫克/千克,鸡肉为 1 170 毫克/千克。

2.饲养成本低

随着肉羊年龄的增长,其生长速度开始减慢,肌肉蛋白质沉积逐渐下降,肌间脂肪、皮下脂肪的沉积增加。由于羔羊生长速度快,生产羔羊肉的饲料报酬要显著高于生产成年羊肉。据测定,羔羊育肥增重的料肉比为 (3~4):1,而成年羊一般为(6~8):1。因此,通过羔羊育肥生产羔羊肉,不仅降低了生产成本,提高了肉羊养殖的经济效益,而且契合了市场对优质羊肉的需求。尤其是在饲料条件差、冬季来得早、严寒时间长的北方地区,把 3—4 月份所产的羔羊在断奶后集中育肥,在晚秋牧草资源枯竭和严寒来临之前,即 11 月份左右出栏上市,实现"当年产羔,当年出栏"的目标,可有效缩短饲养周期,取得更高的经济效益。

3.羊群周转快

羔羊当年出栏上市销售可在短时间获得显著经济效益,特别是通过羔羊育肥,优化了羊场羊群的内部结构,减少了育肥羊的比例,增加了繁殖母羊的比重,提高了羊场肉羊的出栏率和商品率,从而增强了羊群的整体生产能力。在羊群规模一定的情况下,可生产出更多的羔羊肉。因此,在可能的情况下,大力发展羔羊肉生产对提高羊场的经济效益意义重大。专业化生产羔羊肉的国家,羊群中母羊比例一般在70%以上,如新西兰专业化生产羔羊肉的羊群中母羊比例高达90%。

二 羔羊育肥技术要点

1.品种选择

育肥的羔羊多数都是自繁自育且不选留作为种用的淘汰公、母羔羊,也有从外地购买断奶公羔羊进行异地育肥的,不管是自繁自育还是异地购入的育肥羔羊,一般建议选择杂交的后代,尤其是用国外专门化的肉用品种公羊与地方品种母羊进行杂交的后代。杂交后代的羔羊具有生长速度快、饲料报酬高、屠宰率和产肉率高、肉质好等特点,用杂交后代的羔羊进行育肥可以获得更好的经济效益。个体选择方面,应尽量挑选个体大、发育好、采食能力强、无疾病的羔羊,尤其是公羔羊。一般公羔羊的生长速度和饲料报酬比母羔羊要高。

2.羔羊断奶前补饲

育肥的羔羊在其出生后15天左右就开始隔栏补饲少量的优质青饲料、易消化的干草和精饲料,并逐步增加投喂量,以训练羔羊采食,促进羔羊瘤胃的发育,为断奶后育肥做好准备。补饲的日粮组成和断奶后育肥的日粮组成应保持基本相同,有条件的建议使用羔羊育肥专用的颗粒饲料。为减少羔羊断奶的应激,在断奶前15天实行母、羔羊分离饲养,在母羊圈或隔壁圈设置羔羊专用的活动栏,开始每天分离2~4小时,并逐渐延长分离时间直至断奶。

3.合理分群

育肥的羔羊在进圈育肥前应逐只称重,并做好记录。根据称重结果,按照羊只体况(大小、瘦弱等)相近原则进行分群,根据圈或栏的食槽长度确定每群的数量,一般应保证每只羔羊食槽长度在 25~30 厘米,不要过于拥挤。育肥前 1~2 周要勤观察,除日常饲喂外,每天巡视 2~3 次,及时发现异常的羔羊。

4.科学搭配日粮

育肥羔羊的饲料供应要相对稳定,育肥过程中不得随意更改,断奶前与断奶后补饲要一致,若更改要逐步过渡,这样有利于缓解断奶所造成的应激。育肥羔羊的日粮搭配要合理,粗饲料应以优质的豆科牧草和青贮饲料为主。粗、精料的比例,一般粗饲料占 60%,精饲料占 40%。精饲料主要是混合饲料(如玉米 60%,麦麸 10%,豆粕 25%,食盐 0.5%,小苏打 0.5%,育肥羊预混料添加剂 4%)。做到科学搭配日粮,促进育肥羔羊快速生长发育。目前,生产中有利用全精料颗粒饲料饲喂育肥羔羊的成功经验,但育肥期不应超过 3 个月。

5.羔羊疾病的预防

羔羊的抗病能力相对较弱,因此疾病预防对羔羊育肥很重要,是羔羊健康成长的重要保证,是关系到羔羊育肥成功与否的关键。按照免疫计划,做好羔羊免疫接种工作,定期接种"三联四防"、口蹄疫、传染性胸膜肺炎等疫苗,可以有效防止育肥羔羊的发病。育肥前对羔羊进行体内外驱虫,减少寄生虫对羔羊育肥的影响,可以提高羔羊的育肥效果。日常饲养管理过程中应做好育肥羊圈舍打扫、消毒工作,保持圈舍内干净、干燥、卫生,为育肥羔羊创造良好舒适的环境。

第四节 肉羊日粮配制及加工技术

近年来，由于市场肉羊价格坚挺及地方政府对肉羊产业发展的重视，羊场规模越来越大，数量越来越多。在肉羊养殖过程中，饲料成本占养殖总成本的 70% 以上。但多数肉羊养殖场、养殖户在养殖过程中不太重视日粮的合理配制及加工，仍保持着以草饲为主的传统养殖观念。通过日粮配制及加工技术，在保证肉羊健康生长的基础上，可以提高饲料转化效率，降低饲养成本，增加经济效益。这也是提高企业市场竞争力的重要手段之一。

一 肉羊常用饲料

肉羊生长发育等所需要的营养都来自饲料，不同的饲料原料含有的营养物质及营养价值存在较大的差异。在肉羊的日粮配制过程中，主要考虑不同原料中的干物质、消化能、粗蛋白、钙、磷等营养指标。

1.青绿饲料、青贮饲料

青绿饲料是指富含叶绿素的植物性饲料，主要包括天然牧草、各类可食用的野草、栽培牧草、各类蔬菜、农作物茎叶以及树叶等，它们的水分含量一般在 60% 以上。青绿饲料具有种类多、来源广、产量高、维生素含量高、营养丰富但干物质和粗纤维含量相对较低等特点，合理利用青绿饲料，可以有效减少饲养成本，提高肉羊养殖效益。

青贮饲料是将含水率为 65%~75% 的青绿饲料切碎后，在密闭厌氧的条件下，通过微生物的发酵作用制作而成的一种青绿多汁饲料。青贮饲料具有气味酸香、柔软多汁、适口性好、营养丰富等特点，可以实现肉羊青绿多汁饲料的四季均衡供给。青贮饲料比新鲜青绿饲料耐贮存，营养

成分高于干草类饲料。

2.粗饲料

粗饲料是指饲料干物质中粗纤维含量超过18%、营养价值较低的植物性饲料,主要包括各类干草、农作物秸秆等。粗饲料的特点是体积大、粗纤维含量高、可消化利用的营养物质含量低等。粗饲料中粗蛋白的含量因种类不同而有较大差别,如豆科植物干草中粗蛋白含量较高。肉羊养殖过程中,最常见的粗饲料除青贮饲料外,主要有干的豆秸秆、麦秸秆、花生秧、稻草等。

3.能量饲料

能量饲料是指饲料干物质中粗纤维含量低于18%、粗蛋白低于20%的饲料,如谷物类、糠麸类、淀粉含量较高的块根块茎类、糟渣类等,一般每千克饲料干物质含消化能在10.5兆焦以上的饲料均属能量饲料。常见的能量饲料包括玉米、大麦、小麦、麸皮、米糠、稻谷、高粱、燕麦等,但肉羊日粮配制中最常用的是玉米、麸皮。

4.蛋白质饲料

蛋白质饲料是指含水率低于45%,干物质中粗纤维含量低于18%、粗蛋白质含量达到或超过20%的豆类、饼粕类、鱼粉等,有植物性蛋白饲料、动物性蛋白饲料和非蛋白氮饲料之分。在肉羊日粮配制时一般使用植物性蛋白饲料,禁止使用动物性蛋白饲料。最常用的包括豆粕、菜籽粕、棉籽粕、酒糟蛋白饲料、酒糟等,其中菜籽粕中含异硫氰酸酯、芥子碱,棉籽粕含棉酚等抗营养因子,长期过量饲喂对羊有一定的危害。因此,在种羊饲料中不得添加菜籽粕、棉籽粕,在育肥羊饲料中菜籽粕添加量不得超过10%,棉籽粕添加量不得超过8%。

5.饲料添加剂

为进一步完善日粮的营养平衡性,提高饲料转化效率,促进肉羊生长发育,预防疾病和改善羊肉品质,在配制肉羊的日粮时还应添加少量的饲料添加剂。肉羊养殖中较常使用的饲料添加剂主要有矿物质、维生素、益生菌等,由于涉及的原料种类多、添加量小等原因,一般肉羊养殖场和养殖户难以自行配制和生产,建议直接购买正规大公司生产的饲料添加剂或预混合饲料,并按照相关说明书要求添加使用。

(1)矿物质。矿物质饲料添加剂为肉羊提供生长必需的矿物常量元素和微量元素,在肉羊的生长中起着不可或缺的作用。此类添加剂通常是由天然生成的矿物质和工业合成的单一化合物以及混有多种矿物质载体的化合物混合而成,主要满足肉羊对钙、磷、钠、氯等常量元素和铁、铜、锰、锌、硒等微量元素的需要。

(2)维生素。维生素饲料添加剂指由工业合成或提纯的单一或复合的维生素制品,包括脂溶性维生素饲料添加剂和水溶性维生素饲料添加剂。脂溶性维生素饲料添加剂包括维生素 A、维生素 D、维生素 E、维生素 K,水溶性维生素饲料添加剂包括维生素 C 和 B 族维生素。肉羊日粮中添加维生素饲料添加剂,主要是补充其他大宗饲料中维生素的不足。羊瘤胃微生物能够合成维生素 K 和 B 族维生素,肝脏和肾脏能合成维生素 C。因此,除哺乳羔羊外,肉羊日粮中一般不需额外添加维生素 K、维生素 C 和 B 族维生素,需要添加的是维生素 A、维生素 D 和维生素 E。

(3)益生菌。随着国家严令禁止畜禽饲料中添加抗生素等兽药后,益生菌在畜禽日粮中得到广泛应用。益生菌属微生物类添加剂,肉羊日粮中常用的益生菌主要有酵母、芽孢杆菌和乳酸杆菌等。在肉羊日粮中添加复合益生菌可以改善瘤胃微生态环境,提高粗纤维的消化率,并能提高肉羊的免疫力,促进其生长发育。

二 肉羊日粮配制原则

肉羊日粮配制的基本目标就是满足不同品种、不同生理阶段、不同生产目的和生产水平等条件下羊对各种营养物质的需求,以实现最高的生产性能,得到最优质的羊肉产品。肉羊日粮配制的原料要求适口性好、成本低、易消化,能保证肉羊健康生长,一般应遵循以下原则:

1.原料多样化

不同的饲料原料具有其自身独特的营养特性,单一饲料原料不可能完全满足肉羊对所有营养物质的需要。因此,在配制肉羊日粮时,应根据当地饲草、饲料资源特点和优势,选择适口性好、来源广、数量大、营养丰富、价格低、质量有保证的原料,并尽可能地保证原料的多样化,以实现不同原料营养成分的互补,提高配制后的日粮营养全价性。要充分利用当地农作物秸秆、农副产品、农产品加工副产物等资源,以降低饲料成本,提高养殖的经济效益。避免使用发霉变质和含有有毒有害成分的饲料原料。

2.选择合适的饲养标准

根据肉羊的不同品种、不同生理阶段选择合适的饲养标准,并根据标准配制相应的日粮。目前,参考较多的肉羊饲养标准为美国的 NRC 标准、法国的 AEC 标准、国内农业行业标准及各省制定的肉羊地方标准等。2004 年我国农业部颁布实施了《肉羊饲养标准》(NY/T 816—2004),该标准规定了不同年龄、不同生理阶段肉用绵羊和肉用山羊对日粮干物质采食量、消化能、代谢能、粗蛋白、粗纤维、维生素、矿物质元素等的需要量,并附有肉羊常用饲料原料的营养成分和营养价值表,具有很高的参考价值。在肉羊日粮配制实践中,应灵活应用《肉羊饲养标准》,充分掌握饲料原料的特性和肉羊营养的基本原理,可有效降低饲养成本,提高养殖效益。

3.原料合理搭配

不同生长阶段的肉羊对日粮的要求不同,哺乳期羔羊瘤胃发育不完善,微生物区系尚未完全建立,消化粗纤维的能力较差,日粮中粗纤维含量不能太高。成年羊的瘤胃发育完全,可消化含纤维素高的粗饲料。同时,粗饲料可促进瘤胃蠕动,有利于瘤胃微生物区系的维持和平衡。因此,在肉羊的日粮配制过程中,要以青、粗饲料为主,以满足肉羊对粗纤维的需要,在此基础上,合理搭配精饲料,满足成年肉羊对其他营养的需要。肉羊不同生产目的、不同生理阶段的日粮组成应有所区别,空怀母羊、妊娠前期母羊、非配种期公羊的日粮组成应以粗饲料为主,适当补充精饲料,妊娠后期母羊、配种期公羊的日粮组成中应增加精饲料饲喂量,育肥后期的肉羊应逐渐减少粗饲料的饲喂量,进一步增加精饲料的饲喂量。

4.规范使用饲料添加剂

饲料添加剂是指在肉羊饲料生产加工、使用过程中添加的少量或微量物质,在饲料中用量很少但作用显著。饲料添加剂是在肉羊日粮配制中必然使用的原料,在强化基础饲料营养价值、提高肉羊生产性能、保证肉羊健康、节省饲料成本、改善羊肉品质等方面有明显的效果。在使用添加剂时应严格执行《饲料添加剂安全使用规范》,不得添加瘦肉精等违禁产品。

（三）肉羊全混合日粮配制与加工

全混合日粮最早在奶牛饲养上使用,现在规模肉羊养殖场也已广泛应用。肉羊的全混合日粮是根据肉羊的不同生长发育阶段和生产目的,先设计出能量、粗蛋白、粗纤维、矿物质、维生素等营养均衡的日粮配方,根据配方再利用专用的全混合日粮搅拌混合机将粗饲料、精饲料等进行

充分混合配制而成的日粮。专用的全混合日粮搅拌混合机价格较高,没有条件的小规模羊场或肉羊养殖农户也可以利用简易的搅拌机或人工将粉碎后的粗饲料、配制好的精饲料混合后进行饲喂。

1.全混合日粮优势

随着肉羊产业集约化、规模化和标准化程度的提高,全混合日粮的普及是肉羊产业转型升级和持续健康发展的必然趋势。

(1)提高劳动效率。传统的肉羊饲喂方式是粗饲料、精饲料分开饲喂,一般先喂粗饲料后再喂精饲料或者早晚喂粗饲料、中午喂精饲料,劳动强度较大。采用全混合日粮后,可以使用专用的全混合日粮撒料车一次性饲喂肉羊,有效降低了饲喂时的劳动强度,提高了劳动效率。

(2)提高饲料利用率。全混合日粮营养均衡全面,瘤胃内碳水化合物与蛋白质的分解利用基本同步,瘤胃内微生物的活动更协调,瘤胃的酸碱度较稳定,有利于瘤胃内微生物的生长和繁殖,可以有效改善瘤胃功能。瘤胃的发酵效率增加,提高了肉羊对饲料的利用率。

(3)提高肉羊养殖效益。与传统饲喂方式相比,饲喂全混合日粮,由于营养均衡全面,保障了肉羊对各种营养的需要,提高了肉羊的生产性能和抗病力,能有效减少羊场的发病率,降低生产成本,提高肉羊养殖的效益。

2.全混合日粮加工技术

为保证混合的均匀度,全混合日粮在加工时原料的投放一般按先长后短、先干后湿、先轻后重或先干后湿、先粗后精、先小密度后大密度的原则进行。不同类型的混合机对原料的投放顺序要求有所差异,立式混合机要求先粗后精,按"干草—青贮饲料—糟渣类饲料—精饲料"的顺序投放;卧式混合机要求先精后粗,按"精饲料—干草—青贮饲料—糟渣类饲料"的顺序投放。

（1）准确掌握原料营养成分。科学配制肉羊全混合日粮的基础是准确掌握各种饲草、饲料原料的营养成分含量和营养价值，在制定日粮配方前应查阅肉羊常用饲料原料的营养成分和营养价值表，科学合理地设计日粮配方。有条件的肉羊养殖场在加工全混合日粮前，应对各种饲草、饲料原料的营养成分含量进行测定，增加全混合日粮配方设计的针对性和精准性。

（2）科学设计日粮配方。根据肉羊的品种、性别、年龄、生理阶段等的不同，结合掌握的各种饲料原料营养成分科学设计日粮配方。万头以上的大规模羊场，应根据各生产阶段的肉羊群体数量情况，设计与各生产阶段营养需要相适应的多种全混合日粮配方，如断奶羔羊、妊娠母羊、哺乳母羊、育肥羊等的日粮配方。规模较小的羊场或养殖农户，由于不同生产阶段的羊群体数量较少，全混合日粮的每批次加工量较少，为避免因生产多配方日粮造成全混合日粮调制时间过长，可以设计一个基础全混合日粮配方，再根据每个不同生产阶段羊群的营养需要另外添加部分精饲料或粗饲料。

（3）合理控制原料水分含量。为增加全混合日粮的混合均匀度，提高精饲料黏附在粗饲料上的能力，一般全混合日粮水分要求控制在 40%~50%，夏季饲喂肉羊的全混合日粮水分含量可以适当提高。原料水分过低，精饲料不易黏附到粗饲料上，精饲料和粗饲料处于分离状态，混合不均匀，起不到全混合日粮的饲喂效果；水分含量过高，日粮中干物质含量下降，影响肉羊的干物质采食量。

（4）准确称量、顺序投料。为保证全混合日粮搅拌混合机的混合均匀度，每批原料的投放量应超过 20 千克。添加量低于 20 千克的少量原料，在投放进混合机前应先进行预混合后再投放。各种原料的投放量必须根据设计配方的要求精准称量，否则直接影响科学设计的日粮配方的

营养价值。投料顺序也会影响全混合日粮的混合均匀度,不同混合机类型,对原料的投放顺序要求不一样,应严格按照全混合日粮加工的原料投放顺序进行投放。

（5）合理控制混合时长。混合搅拌时间的长短对全混合日粮的混合均匀度有较明显的影响。混合搅拌时长一般在最后一批原料添加完后,再混合搅拌5~7分钟。搅拌时间太短,原料混合不均匀;搅拌时间过长,全混合日粮过细,有效纤维不足,会影响肉羊瘤胃的酸碱度,甚至可能引起营养代谢疾病。

（6）合理选择全混合日粮机械。市场上常见的全混合日粮搅拌混合机,根据绞龙布置位置的不同,有卧式、立式两种;根据动力来源的不同,有牵引式、自走式、固定式三种。选择全混合日粮搅拌混合机时,主要根据羊场规模大小、日粮种类、机械化操作水平、混合均匀度要求等因素选择经济实惠的。同时,还应考虑全混合日粮机械的能耗、使用寿命、售后服务等因素。

（四）颗粒饲料加工技术

颗粒饲料具有密度大、体积小、运输和贮存方便、适口性好、可避免挑食、减少浪费、饲料利用率高、全价性好等优点。传统的肉羊养殖饲喂的饲料主要是粉状,随着肉羊产业集约化、规模化的发展,目前颗粒饲料在肉羊生产中应用越来越多,尤其是在育肥羊生产上。颗粒饲料的应用使肉羊生产的智能化自动饲喂系统成为可能,也是未来的发展趋势,将极大提升肉羊养殖的集约化、智能化程度。肉羊生产上,常用的颗粒饲料主要有以下几种:

1.草颗粒饲料

草颗粒饲料的体积只有原料干草体积的1/4,便于贮存和运输;同时,草颗粒饲料投喂方便,可以使用撒料车或自动饲喂系统投喂,为肉羊的集约化生产创造了条件。

调节原料的含水量是加工草颗粒饲料的关键。豆科饲草做草颗粒的最佳含水量为14%~16%,禾本科饲草含水量为13%~15%。水分含量控制合理的农作物秸秆、牧草、农副产品等粗饲料经筛网孔径0.6~1.0厘米的粉碎机粉碎后,利用孔径0.6~1.0厘米的制粒机加工成颗粒,颗粒长度1.5~2.5厘米。肉羊颗粒饲料生产多用平模制粒机,制粒孔径一般为0.8厘米,制粒效率高,颗粒成形性好。

2.精饲料颗粒料

传统的肉羊养殖过程中补充的精饲料主要由玉米、麸皮、豆粕、食盐、预混料等按一定配方比例均匀混合而成,可直接饲喂或制作全混合日粮饲喂。借鉴猪禽饲料加工技术,肉羊的精饲料也逐渐开始使用颗粒饲料。精饲料的主要原料是玉米,经筛网孔径为0.3~0.4厘米的粉碎机粉碎后,利用孔径为0.6厘米的制粒机挤压制成颗粒。精饲料制成颗粒料可以减少饲料浪费,避免羊挑食。

3.全价颗粒饲料

全价颗粒饲料是在上述基础上,根据不同生理阶段肉羊的营养需要,将草粉、精饲料按一定比例混合均匀后再制成颗粒。一般先将农作物秸秆、牧草、农副产品等粗饲料和玉米经粉碎机粉碎,再根据日粮配方的设计,将玉米、豆粕、麸皮、食盐、羊用预混料等精饲料原料混合均匀后再与草粉混合均匀,最后利用平模制粒机挤压制成颗粒。这类颗粒饲料既满足了肉羊对粗纤维的需求,也能满足肉羊对其他营养的需要,营养较全面和均衡。全价颗粒饲料可以确保日粮配方的精准实施,减少饲养员的饲喂时间,提高肉羊的采食速度,已在肉羊生产尤其是育肥羊的生产中得到较普遍的应用。

第六章 ▶ 种草养羊

　　种植业与养殖业是乡村振兴战略中增加农民经济收入的主要途径。我国传统的种植业和养殖业是分离的：种植业过度依赖农药和化肥，秸秆资源得不到有效利用；养殖业产生的大量粪便无处排放，造成大量的资源浪费和严重的环境污染。

　　随着生态文明建设的推进，越来越多的地方开始大力提倡和推广种养结合的生态循环农业，并取得了显著成效。安徽省围绕"为养而种，以种促养，以养增收"的目标，按照"草畜配套、产销平衡"的原则，大力发展"以养带种"，推动种植、养殖结构调整，积极探索种养结合新模式，以种草养羊为代表，逐步形成了"羊—有机肥—农作物、牧草种植—青贮饲料"生态循环的农业生产新模式，实现了肉羊养殖业、种植业的协调发展和相互促进。《"十四五"全国农业绿色发展规划》也鼓励养殖场利用秸秆发展优质饲料，将粪污无害化处理后还田，实现过腹还田、变废为宝。因此，种草养羊或合理利用农作物秸秆养羊，实现种养结合，意义重大。

▶ 第一节　禾本科牧草的栽培与利用

一 冬牧70黑麦草

　　冬牧70黑麦草具有抗寒、抗病、品质好、适应性好等特点，是从一年

生黑麦草中选育出的一个优质牧草新品种。种植冬牧70黑麦草是合理开发利用冬闲田、果园,解决肉羊生产中初冬及早春青饲料缺乏的一个有效途径。冬牧70黑麦草是发展肉羊养殖的优质牧草品种之一。

1.植物学特征与生态特性

冬牧70黑麦草是从美国引进的一年生或越年生的优质牧草新品种,我国华北、东北、西北部分地区,江淮流域及以南的中高山区,云贵高原等地均有大面积种植。它在肥沃、湿润、排水良好的沙壤土和黏土地上生长最好。

冬牧70黑麦草为禾本科黑麦属草本植物,须根发达,根系浅,主要分布于15厘米的表层土中。茎秆直立、光滑、中空,高80~100厘米,有小花数朵,结种子较多,无芒,千粒重28克,亩产种子150千克左右。

冬牧70黑麦草的最大特点是不与农作物争地,人们只是利用冬闲田,在每年的10月份至第二年的4月份生产青绿饲料,或者与饲用玉米、苏丹草等一年生牧草轮作。这不仅提高了土地的利用率,而且能够使肉羊四季有青绿饲料供应,提高了经济效益。

2.栽培与管理

冬牧70黑麦草以秋播为主,也可春播。一般在每年9—10月份播种最为适宜,播种时以条播为主,行距与播小麦行距相似,每亩播种量3~4千克。秋播的苗高50~70厘米时,可刈割2次。若10月份以后播种,可在苗高50厘米时刈割一次,第二年3月份前后可再刈割2~3次,亩产鲜草5 000~7 000千克。刈割时留茬7~10厘米,每次刈割后应施肥、浇水。

3.饲用价值与利用

冬牧70黑麦草分蘖多、再生能力强、生长迅速、营养丰富、适口性好。其茎叶干物质中含粗蛋白质18.0%、粗脂肪3.2%、粗纤维24.8%、粗灰分12.4%、无氮浸出物41.6%。适于青饲,也可制作青贮饲料或制成干

草利用。

二 多花黑麦草

1.植物学特征与生态特性

多花黑麦草原产于欧洲南部、非洲北部和西、南亚,在世界各温带和亚热带地区广泛栽培。我国长江流域及其以南地区种植较普遍。它喜温暖湿润气候,在昼夜温度为27℃/12℃时生长速度最快,在潮湿、排水良好的肥沃土壤或有灌溉的条件下生长良好,但不耐严寒和干热。夏季高温干旱时生长不良,甚至枯死。在长江流域低海拔地区秋季播种,第二年夏季即死亡。

多花黑麦草为禾本科黑麦草属一年生或越年生草本植物。须根系强大,主要分布在15厘米的表层土中。茎秆直立、光滑,株高100~120厘米。叶片长10~30厘米、宽0.7~1厘米,柔软下披,叶背光滑而有光泽。

2.栽培与管理

播前耕翻整地,每亩施农家肥1 000千克作底肥。宜秋播,长江中下游地区9月20日前后最佳,行距15~30厘米,播深1~2厘米,每亩播种量1.5千克。可与水稻、玉米等轮作,或利用冬闲田种植。也可与紫云英混播,以提高产量和质量。多花黑麦草喜氮肥,每次刈割后宜追施速效氮肥。每年可刈割6~8次,每亩产鲜草7 000千克以上。

3.饲用价值与利用

多花黑麦草茎叶干物质中含粗蛋白质13.7%、粗脂肪3.8%、粗纤维21.3%、无氮浸出物46.4%、粗灰分14.8%。草质好、柔嫩多汁,适口性好,肉羊喜采食,适宜青饲、调制干草或青贮,亦可放牧。适宜刈割期:青饲为孕穗期或抽穗期,调制干草或青贮为盛花期,放牧宜在株高25~30厘米时进行。

三 杂交苏丹草

1.植物学特征与生态特性

杂交苏丹草是以高粱不育系为母本、苏丹草为父本杂交选育而成的夏季高产牧草。须根系强,植株高 2~3 米,叶片肥大;长相似高粱,籽粒偏小、紫褐色,穗形松散,分蘖能力强,分蘖数一般为 20~30 个,分蘖期长,可持续整个生长期。叶色深绿,褐色中脉,表面光滑,叶片宽线形,长可达 62 厘米,宽约 4 厘米;圆锥花序,疏散形,单性花,没有雄蕊;果实为颖果,种子为卵形,颜色粉红,千粒重依不同的品种而异。

杂交苏丹草具备高粱茎粗、叶宽和苏丹草分蘖力、再生力强的优点,适口性好,消化率高,可作为青饲料喂羊,也可制作青贮饲料,解决冬季无草和冬贮草品质差的问题,是一种高产优质饲草。杂交苏丹草在我国北方种植可刈割 2~3 次,南方可刈割 3~4 次。亩产鲜草 10 000 千克以上,水肥条件充足时,总产量在 15 000~20 000 千克/亩。

2.栽培与管理

杂交苏丹草对土壤要求不严,但最好选择肥沃、有灌溉条件的地块或沙壤土;一般在 4 月下旬至 5 月上旬地温超过 10 ℃时播种,多采用条播,行距 40~50 厘米,播种深度 1.5~3 厘米;播种量 1.5~2 千克/亩;种肥应包括氮肥和钾肥,氮肥施用量 3~6 千克/亩,钾肥施用量依具体情况而定。为了提高产量和青饲料的品质,减少养分消耗,可与豆科作物或一年生豆科牧草混播。杂交苏丹草幼苗不适放牧,雨天刈割易烂茬。每次刈割后,追施氮肥 20 千克/亩,施肥后进行浇水。

3.饲用价值与利用

杂交苏丹草茎叶干物质中含粗蛋白质 13.0%、粗脂肪 1.9%、粗纤维 26.3%、粗灰分 6.5%、无氮浸出物 45.2%,消化率可达 60%。亩产鲜草

10 000千克以上。植株幼小时不要放牧,当植株达1米高时,可放牧或刈割,刈割留茬高度10~20厘米。可青饲,也可制作青贮饲料。

四 杂交狼尾草

1.植物学特征与生态特性

杂交狼尾草又名杂交象草,是美洲狼尾草和象草的杂交品种,属多年生草本植物。杂交狼尾草株高3.5米左右,每株分蘖在20个以上,刈割后分蘖明显增加。杂交狼尾草供草期较长,从6月上旬前后直至10月底均可供应鲜草,亩产鲜草10 000千克以上,华南地区可达15 000千克,甚至更高。干草粗蛋白质含量9.95%,青刈、青贮均可。全年可刈割5~8次,是肉羊的优质青饲料。

杂交狼尾草在日平均气温为15℃以上时才开始生长,生长最适温度为25~35℃,能耐40℃以上高温天气。气温低于10℃时,生长明显受到抑制;低于0℃的时间稍长,就会被冻死。在安徽种植时,越冬较困难。一般建议在温室或双层塑料薄膜大棚内利用根茬进行保种,第二年再移植。根茬保种应在霜降前,将植株刈割,留茬15~20厘米,然后连根挖起,移植入事先准备好的温室或双层塑料薄膜大棚内,并用肥土将根间填实、踏紧,然后浇水适量,棚内温度保持在5~10℃。如在晴天有充足的阳光照射,棚内温度会升高,此时可掀开塑料薄膜进行通风降温。如果温度在0℃以下,可在棚内根茬上盖一层干草以保温。

2.栽培与管理

(1)育苗移栽。长江中下游地区于3月底前后用小棚膜覆盖育苗。由于杂交狼尾草是喜温牧草,所以苗床温度最好控制在25~30℃,有利于出苗。播种时应用农药拌种,以防地下害虫。播种后在排水沟中灌水,进行洇灌,切忌大水漫灌,以免造成地面板结,严重影响出苗。当苗长到6~8

片叶子时,向大田移栽。亩用种量 0.15 千克。

(2)直播。长江中下游地区于 4 月下旬至 5 月下旬播种,当气温稳定在 15℃以上时,可以播种。播前精耕细作,采用行距 45 厘米的条播,亩用种量 0.25 千克。长江中下游地区,亩产鲜草 10 000 千克以上。从 6 月中旬直至初霜前均可供草,7、8 月份生长最旺。

(3)春季栽植。取老熟茎秆,2~3 节切为一段,或用分株苗,按行距 60 厘米、株距 30 厘米定植,茎芽朝上斜插,以下部节埋入土中而上部节腋芽刚入土为宜。栽植后 60~70 天,株高 1.0~1.5 米时即可刈割。

3.饲用价值与利用

营养生长期株高 1.2 米时茎叶干物质中含粗蛋白质 10.0%、粗脂肪 3.5%、粗纤维 32.9%、无氮浸出物 43.4%、粗灰分 10.2%。茎叶柔嫩、适口性好,宜刈割青饲或青贮,肉羊喜采食。

五 墨西哥玉米

1.植物学特征与生态特性

墨西哥玉米为禾本科类蜀黍属一年生草本植物。须根发达,茎秆粗壮,直径 1.5~2.0 厘米,直立,丛生,高 3.5 米左右。雌雄同株异花,雄穗着生茎秆顶部,分枝有 20 个左右,圆锥花序;雌穗多而小,距地面 5~8 节,每节着生一个雌穗,每株 7 个左右,肉穗花序,花丝青红色。每穗产种子 8 粒左右,种子互生于主轴两侧,外有一层苞叶庇护。种子呈纺锤形,麻褐色。

墨西哥玉米生长旺盛,生长期长,分蘖期占全生长期的 60%。南方地区 3 月上旬播种,9—10 月开花,11 月种子成熟,全生育期 245 天,种子成熟后易落粒;在北方种植时,生长较好,往往不结实。

墨西哥玉米喜温、喜湿、耐肥,种子发芽的最低温度为 15℃,最适温度为 24~26℃;生长的最适温度为 25~30℃。耐热,能耐 40℃的持续高温,

不耐低温霜冻,气温降至10℃以下时生长停滞,0~1℃时死亡。

2.栽培与管理

播种的土地要选择平坦、肥沃、排灌方便的地块,结合耕翻,亩施有机肥2 000千克作基肥。春季适期早播,可条播或穴播,条播行距50厘米,株距30厘米,穴播穴距50厘米,播深2厘米。播种量1千克/亩。

苗期注意防地老虎危害,以确保全苗。春季雨水多,要注意清沟排水,以利于幼苗生长。苗期气温较低,生长缓慢,此时易滋生杂草,需中耕除草1~2次。定苗要在拔节以后,每穴留苗1株,至多2株。

水肥充足才能高产,除施足基肥外,在分蘖至拔节期追施一次速效氮肥5~10千克/亩。干旱缺水对生长影响很大,连续多天无雨,叶尖会发生萎蔫,要及时灌水。入夏以后,当植株下部茎节长出气根时进行培土,有利于气根入土吸收养分、支撑植株,防止倒伏。

作青饲用时,可在苗高1米左右刈割,留茬高度为10厘米,每刈割一次施速效氮肥5~10千克/亩,以促进再生长,亩产鲜草10 000千克左右;作青贮用时,可先刈割1~2次用于青饲,当再生草长到2米左右高、孕穗时再刈;作种子用时,也可先刈割2~3次,待植株结实、苞叶变黄时收获,每亩收种子50千克。

3.饲用价值与利用

墨西哥玉米鲜草含干物质20%左右,干物质中含粗蛋白质8%~14%、粗脂肪2%、粗纤维约30%、无氮浸出物38%~45%、粗灰分9%~11%。利用时要现割现喂,刈割喂羊的,应长到100~120厘米时刈割,每年可刈割4~5次。植株超过120厘米时,下部茎纤维增多,利用率下降。墨西哥玉米含糖分较高,除作青饲料鲜喂外,还可青贮,也可以调制成干草及草粉、草颗粒。青贮时,株高150厘米时刈割。

▶ 第二节　豆科牧草的栽培与利用

一　紫花苜蓿

紫花苜蓿是世界上栽培最广泛、最重要,也是我国分布最广、栽培历史最久、经济价值最高、种植面积最大的一种优质豆科牧草。紫花苜蓿产量高,品质好,氨基酸含量非常丰富,并含有多种维生素和微量元素,被誉为"牧草之王"。

1.植物学特征与生态特性

紫花苜蓿为豆科苜蓿属多年生草本植物,株高 30~100 厘米,根系强盛,主根深入土中 2~6 米,侧根多分布于 20~30 厘米土层中,根部共生根瘤菌,具有固氮养地作用。茎分枝力强,耐刈割,直立或斜生,菱形,较柔软,粗 2~4 厘米,中空或有白色髓。三出羽状复叶,小叶长圆形,叶片长10~25 毫米、宽 3.5~15 毫米。蝶形花冠,紫色,总状花序,属异花授粉植物。种子肾形,黄褐色,陈旧种子为深褐色。

紫花苜蓿适应性强,喜温暖和半湿润到半干旱气候,多分布在长江以北地区,在年降水量 300 毫米左右的地区都能生长,抗寒力强,最适宜在地势高燥、平坦、排水良好、土层深厚的沙壤土或壤土中生长。国际上根据抗寒能力的不同,将紫花苜蓿品种分为 10 个休眠级。休眠级为 10 的品种冬季不休眠,适于冬季温暖地区种植;休眠级为 1 的极休眠品种,适于冬季极其寒冷的地区种植。

北方在墒情较好的情况下,春播 3~4 天出苗,幼苗生长缓慢,根生长较快,播后 80 天茎高 50~70 厘米,植株开始现蕾开花。秋播迟者不能越冬。长江流域 9 月下旬播种者当年地上部分生长较慢,入冬前,分枝为 5

个左右,次年4月生长最旺盛并现蕾开花。夏季高温,生长受抑制。

2.栽培与管理

各地应根据当地的温度、降水量、轮作制度和苜蓿的栽培用途选择不同休眠级的品种、土地和播种时间。紫花苜蓿种子细小,幼苗较弱,早期生长缓慢,整地宜精细,上松下实,以利出苗。紫花苜蓿播种前应晒种2~3天,以提高发芽率。播种期可选择春季、夏季,也可选择秋季。北方宜春播或夏播,华北8月为佳,长江流域9月最好。不论春播或夏播,均应结合下雨或灌溉。播种紫花苜蓿以雨后最好。雨后趁墒情播种,此时水分充足,土壤疏松不板结,最易获得全苗。播后再灌水则最不好,因这样土壤易板结、干裂,不能获全苗。

播种方法为条播或撒播,条播行距30~50厘米,播种深度2厘米左右,土湿宜浅,土干宜深,播前曝晒种子3~5天,单播用种量1.0~1.5千克/亩。春季和秋季播后需要镇压,使种子紧密接触土壤,有利于发芽,但在水分过多时,则不宜镇压。

紫花苜蓿有固氮能力,对磷、钾、钙的吸收量大。因此,宜使用充足的有机肥作基肥,如堆肥,施肥后紫花苜蓿生长繁茂。

苗期生长缓慢,需除草,以免受杂草危害。除草剂可选择土壤处理剂灭草猛及索拉胶,能有效地防除苜蓿田里的杂草;也可选择苗期用地乐酯、2,4-D丁酯等,既安全,增产效果又好。刈割时结合浇水,追施磷、钾肥,可保证稳产高产。紫花苜蓿常见的害虫有蚜虫、浮尘子、盲椿象、潜叶蝇等,可用敌百虫防治。病害可用波尔多液、多菌灵防治。

在早春返青前或每次刈割后进行中耕松土,干旱季节和刈割后浇水对提高产草量效果显著。

紫花苜蓿每年可刈割3~4次,一般亩产干草600~800千克,高者在1 000千克以上。通常每4~5千克鲜草晒制1千克干草。晒制干草应在

10%植株开花时刈割,过早影响产量,过迟降低饲用价值。留茬高度以 5 厘米为宜。最后一次刈割不宜太迟,否则不利于紫花苜蓿安全越冬。

3.饲用价值与利用

紫花苜蓿干物质中粗蛋白质含量为 15%~25%,相当于豆饼的 1/2,比玉米高 1.0~1.5 倍;赖氨酸含量为 1.06%~1.38%,比玉米高 4~5 倍。紫花苜蓿适口性好,无论是青饲、青贮还是晒制干草,都是优质饲草。若直接用于放牧,肉羊会因食用过多而发生臌气病。因此,在放牧草地上提倡用无芒雀麦、苇状羊茅等与紫花苜蓿混播,这样既可防止臌气病,又可提高草地产草的饲用价值。紫花苜蓿与苏丹草、青刈玉米等混合青贮,其饲用效果也很好。

二 白三叶

白三叶又名荷兰翘摇、白车轴草,豆科三叶草属。原产欧洲,现广泛分布于温带及亚热带高海拔地区。我国黑龙江、吉林、辽宁、新疆、四川、云南、贵州、湖北、江西、安徽、江苏、浙江等地均有分布,是一种重要的栽培牧草及优良的草坪植物。

1.植物学特征与生态特性

白三叶为多年生草本植物,主根短,侧根发达,集中分布于表土 15 厘米以内,多根瘤,具有固氮能力。主茎短,茎实心,由茎节向上长出匍匐茎,长 30~60 厘米,基部分枝多,光滑细软,茎节处着地生根,向上长叶,并长出新的匍匐茎向四周蔓延,侵占性强。掌状三出复叶,互生,叶柄细长直立,小叶倒卵形或倒心形,叶面中央有"V"形白斑纹,叶缘有细齿。总状花序,生于叶腋或顶生,小花白色。种子小,心形,黄色或棕黄色。

白三叶喜温凉、湿润气候,生长最适宜温度为 19~24℃,适应性广,耐热、耐寒、耐阴、耐酸,幼苗和成株能忍受-5~6℃的寒霜,在-8~-7℃时仅

叶尖受害,转暖时仍可恢复生长;盛夏时,生长虽已停止,但无夏枯现象。在遮阴的林下也能生长,对土壤要求不严,只要排水良好,各种土壤中均能生长,最适富含钙质及腐殖质的黏质土壤,适宜的土壤 pH 6~7,耐酸,不耐盐碱。白三叶再生力极强,为一般牧草所不及。夏季高温干旱时生长不佳。

2.栽培与管理

白三叶种子细小,播前应精细整地,最好用三叶草根瘤菌拌种。可春播或秋播,南方以秋播为宜,北方宜春播。秋播不宜迟于 9 月中下旬,春播宜在 3 月上中旬。条播行距 20~30 厘米,播深 1.0~1.5 厘米,单播每亩用种量 1 千克左右。撒播每亩用种 1.5~2.0 千克。白三叶最宜与黑麦草、鸭茅等混播。与鸭茅混播是果园种植牧草的最佳组合。白三叶苗期生长缓慢,应注意中耕除草,一旦长成则竞争力很强,可多年不衰,应经常刈割利用,适当管理以促进其生长。混播草地中禾本科牧草生长旺盛时应经常刈割,以免白三叶受抑制而衰退。白三叶春播当年亩产青草 1 000~1 500 千克,第二年即可产 4 000~6 000 千克。

3.饲用价值与利用

白三叶茎叶柔嫩,在开花时,茎占 48.7%,叶占 51.3%。开花前的白三叶富含粗蛋白质而粗纤维含量低,与生长阶段相同的紫花苜蓿、红三叶相比,较显优越。

白三叶茎枝匍匐,再生力强,耐践踏,最适于放牧。用来放牧肉羊时,最好与禾本科牧草混播,既可保持单位面积内干物质和粗蛋白质的最大产量,又可防止臌气病的发生。秋季生长的茎叶应予以保留,以利于越冬。地冻时禁止放牧,以免匍匐茎遭践踏而受损伤。

▶ 第三节 其他可食农作物的栽培与利用

一 饲用玉米

1.植物学特征与生态特性

饲用玉米是玉蜀黍属一年生草本植物,是用作饲料的专用玉米。须根系,根系发达,主要分布在 0~30 厘米的土层中,可深至 150~200 厘米;茎呈扁圆形,茎粗 2~4 厘米;株高 1.5~4.0 米。叶片数目一般为 15~22 片,单个叶片长 80~150 厘米、宽 6~15 厘米。

饲用玉米对土壤要求不严,pH 6~8,土质疏松、深厚,有机质丰富的黑钙土、栗钙土和沙质土壤均可种植。

2.栽培与管理

饲用玉米春播时,平均温度稳定在 15 ℃时为最佳播种期,播种深度以 5~6 厘米最适宜,播前每亩施优质基肥 2 000~3 000 千克,播种时每亩应施 4~5 千克硫酸铵、15~20 千克过磷酸钙、2~3 千克氯化钾作种肥。

饲用玉米植株高大,籽粒和茎叶产量高,要求管理精细,施肥、灌水、化学除草及防治病虫害等都是提高玉米产量的关键措施。

3.饲用价值与利用

饲用玉米籽粒、茎叶营养丰富,肉羊喜采食,一般用作青贮,也可粉碎鲜喂。饲用玉米秸秆的生物学产量高,但籽实产量较低。没有饲用玉米的地区,也可以种植 2~3 季的鲜食玉米或普通玉米。

二 大麦

大麦在我国种植时间已经有数千年了,主要分为春大麦和冬大麦。

冬大麦主要分布在我国的长江流域以及河南等地，而春大麦分布在东北、内蒙古、青藏高原、陕西、山西、河北以及甘肃等地，以北方分布居多，在年降水量200毫米的干旱地区均能生长。

1.植物学特征与生态特性

大麦有带稃与不带稃两种类型，带稃的叫皮大麦，不带稃的叫裸大麦。皮大麦的稃与颖果结合在一起，因此脱粒时不易除去。皮大麦的稃壳占籽粒质量的10%~25%。裸大麦籽粒是颖果，中部肥厚宽大，两端较小麦略尖，呈纺锤状，背部隆起，基部有胚，腹面有一条纵沟，比小麦腹沟狭而浅，顶部有茸毛，一般较小麦短而稀。大麦角质含淀粉少、蛋白质多，适合食用或作饲料。

2.栽培与管理

大麦可以利用冬季闲田、田边空隙地等地方种植，耐刈割，具有再生能力，是早春以及晚秋的青刈饲料。春末青饲料不足时还可以将收割提早至拔节期，留茬4~5厘米，第二次再齐地刈割。

大麦种植时间根据各地区气候不同而有所区别，一般春季的3—4月份，秋季的8—10月份都是可以种植的。秋季主要在黄、淮以南地区播种，高产田每亩播种量为10千克左右。温度适合时，早播大麦比晚播的分蘖能力强。大麦属于速生密播作物，直接撒播或者条播均可，出芽后无须间苗，也很少采取中耕除草的措施。如果大麦生长速度慢、分蘖少、茎叶发黄，可以在分蘖期和拔节期追肥和灌水，孕穗期和开花期再进行追肥和灌水，则可以促进籽粒饱满，提高产量和品质。

3.饲用价值与利用

大麦为一年生草本植物，茎秆粗壮，适用性强，生育期短，成熟快，质量好，产量高，是良好的饲料作物。大麦茎叶繁茂，并且柔软多汁，适口性比较好，在开花前刈割的营养好，是肉羊良好的青饲料。孕穗期的大麦含

水量在 82% 左右,粗蛋白占 4.45%、粗纤维占 3.39%,并且还含有丰富的维生素 C,同时籽实还是良好的精饲料。大麦地中可以放牧,第一次放牧后要结合灌水追施些氮肥,有利于再生,等待第二次放牧。大麦秸秆可以调制干草,也可作青贮饲料,以拔节期前后利用为宜。过早利用,鲜草产量比较低,影响再生,过晚则影响草的品质,所以要适时收割,种植一次可以收割 2~3 次。大麦在全株青贮料中混有籽粒,籽粒的营养价值比较高,可以长期保存不变质。

第四节　牧草及作物秸秆的加工调制

牧草及花生秧、豆秸、红薯藤等作物秸秆是肉羊的优质粗饲料来源。但收割后的牧草、农作物秸秆等新鲜饲草如果不经过加工调制或贮存方法不当,极易发生霉变和腐烂,如此就不能作为粗饲料来喂肉羊,不仅造成资源浪费,也会在一定程度上污染环境。因此,牧草及农作物秸秆的加工调制是肉羊生产中的一项重要工作。牧草及作物秸秆经科学合理的加工调制,不仅可延长保存期限,而且能改善适口性,同时能够保证肉羊粗饲料的全年均衡供给,可节约肉羊养殖的成本。

一　干草调制

各种牧草、收获后的农作物秸秆都可以加工调制成干草,作为肉羊的粗饲料来源。为最大限度减少牧草和农作物秸秆的营养损失,在调制干草时,应做到适时收割,在加工调制过程中应尽可能地减少叶片、嫩枝的损失,快速干燥,水分应控制在 15%~20%,避免雨淋或返潮造成霉变。新鲜的牧草和农作物秸秆通过调制成干草,可实现长时间保存和商品化流通,同时干草也是生产草粉、草颗粒等草产品的主要原料。

干草的营养价值主要取决于其原料的种类、收割时的生长阶段。一般豆科干草的粗蛋白含量较高,青绿草料调制成干草后营养物质一般损失 20%~30%,但维生素 D 会有所增加。

1.饲草的收割时间

饲草要求适时收割,以保证调制干草的质量。一般禾本科牧草应在孕穗期或抽穗期收割,此时禾本科牧草生物学产量、养分含量都最高,同时植株质地较柔软,有利于加工调制成优质干草。抽穗开花结实后,禾本科牧草植株的茎秆变粗变硬,生物学产量、养分含量、适口性和消化率等显著下降。豆科牧草一般在盛花期收割,盛花期的豆科牧草养分含量高,茎秆的木质化程度低,适口性好,消化率高。过早收割的饲草生物学产量低,水分高,不易晒干。

2.干燥方法

干燥少雨的地区,一般在天气晴好情况下,将刈割后的牧草或农作物秸秆平铺在地面上进行自然晾晒,当水分减至 40%~50%时,将其堆成小堆,晒至含 30%水分,再运至羊场的草棚堆放,让风力减少水分至 20%左右即可。在潮湿多雨地区,可在室内用竹、木或钢管制成人字形或三角形的草架,将刈割的牧草或农作物秸秆铺在草架上进行晾晒,草层厚20~80 厘米。水分低于 20%时即可搬运至草棚内进行堆放。有条件的也可以利用烘干机通过高温快速将饲草烘干,但需要较大的投入,调制成本较高。

3.干草品质鉴定

在生产应用上,通常根据干草的外观特征来评定干草的质量和饲用价值。

(1)植物学组成的分析。从植物学组成角度来看,干草一般分为豆科、禾本科、其他可食草、不可食草和有毒有害植物五类。凡豆科草所占比例大的,属于成分优良的干草;禾本科草和其他可食草比例大的,属成分中等;含不可食草多的,属劣等干草;有毒有害植物干草不宜作为饲料使用。干草中豆科草的比例超过5%的为优等;禾本科草及其他可食杂草占80%以上的为中等;有毒有害植物含量在10%以上的为劣等,不宜使用。

(2)干草的颜色及气味。干草的颜色和气味是干草调制好坏的最明显标志。胡萝卜素是鲜草的各类营养物质中最难保存的一种成分。干草的绿色程度愈高,不仅表示干草的胡萝卜素含量愈高,也表示其他成分的保存愈多。按干草的颜色,可将其分为以下四类:

鲜绿色:表明青草刈割适时,调制过程中未遭雨淋和阳光暴晒,贮藏过程未遇高温发酵,能较好地保存青草中的养分,属优良干草。

淡绿色(或灰绿色):表明干草的晒制与贮藏基本合理,未受到雨淋而发霉,营养物质无重大损失,属良好干草。

黄褐色:表明青草收割过晚,晒制过程中虽受雨淋,贮藏期内曾经过高温发酵,营养成分损失严重,但尚未失去饲用价值,属次等干草。

暗褐色:表明干草的调制与贮藏不合理,不仅受过雨淋,而且已发霉变质,不宜再做饲用。

干草的芳香气味是在干草贮藏过程中产生的,田间刚晒制或经人工干燥的干草并无香味,只有经过堆积发酵后才产生此种气味。

4.干草的使用

调制好的优质干草作为羊的粗饲料可以直接饲喂,但为减少浪费,提高利用率,生产中常用铡草机将干草切成2~3厘米的短段来饲喂;或用秸秆粉碎机加工成草粉,与玉米、麸皮、豆粕等按一定比例混合后制成颗粒饲料来饲喂;或直接将干草加工成草粉,然后制成草颗粒来饲喂,草颗粒可以有效减少饲喂过程中的浪费,同时便于贮运。

二 青贮

青贮是指把适时收割的各种牧草、农作物秸秆等青绿草料经粉碎、压实密封,让贮存的草料与外部空气隔绝,进行厌氧发酵,使草料可以长期保存的一种贮存技术或方法。禾本科牧草含碳水化合物较多,容易青贮。豆科牧草含蛋白质较多,单独青贮较难成功,多数与禾本科牧草进行混合青贮。

1.青贮的意义

(1)提高饲用价值。牧草和其他青绿草料收获后水分高、维生素含量高,适口性好,易被消化,是肉羊的优质饲料来源。但不易保存,容易腐烂变质。青贮后,可保持青绿草料的鲜嫩、青绿,营养物质不会大幅减少,而且有一种酸香味,可刺激羊的食欲,增加其采食量,对羊的生长发育有良好的促进作用。

(2)扩大饲料来源。青贮的原料除常见的玉米秸秆,各种牧草、野草以外,一些农产品加工的副产物也可用来青贮。甚至一些原来肉羊不喜欢吃或者不吃的粗硬原料和带有异味的原料经青贮发酵处理后,因适口性的改善和青贮饲料特有的香味,变成肉羊喜欢吃的优质饲料,从而扩大了肉羊的饲料来源。

(3)均衡粗饲料的全年供给。自然条件下,国内多数地区存在冬季缺乏青绿草料的问题,牧草生长的旺季青绿草料肉羊吃不完,保存不当牧草霉烂,造成青绿草料不能全年均衡供给。青贮饲料可以长期贮存而不发生腐烂和变质,因此,可以在牧草生长的旺季利用青贮技术将肉羊吃不完的青绿草料贮存起来,到冬季时饲喂肉羊,从而保证肉羊一年四季都可以吃到优质的青绿草料。

(4)降低饲养成本。青贮是一种经济实惠的保存青绿草料的方法,可以使单位面积收获的总养分保存达最高值、浪费少，便于实现机械化收割、运输。饲喂时，也可以使用机械，以有效减轻饲养员的劳动强度，提高工作效率，从而降低饲养成本。

2.青贮饲料的原理

青贮饲料是一个复杂的微生物活动和生物化学变化过程。青贮发酵过程中，参与活动和作用的微生物很多，但以乳酸菌为主。青贮的成败，主要取决于乳酸发酵的过程。刚收的牧草带有各种细菌，也包含乳酸菌，当青贮原料铡碎入窖后，植物细胞继续"呼吸"，有机物进行氧化分解，产生二氧化碳、水和热量，由于在密闭的环境内，空气逐渐减少，一些好氧性微生物逐渐死亡，而乳酸菌在厌氧环境下迅速繁殖，将青贮牧草原料中的可溶性碳水化合物（主要为蔗糖、葡萄糖和果糖）转化为以乳酸为主的有机酸，在青贮料中积聚起来，当有机酸积累到0.65%~1.30%，pH降到4.0以下时，绝大多数有害微生物的活动受到抑制，霉菌也因厌氧而不再活动，随着酸度的增加，最终乳酸菌本身也受到抑制而停止活动，使青贮饲料得以长期保存。

3.青贮的关键技术环节

（1）适时收割。优质的青贮原料是成功制作优良青贮饲料的基础。青贮饲料营养价值的高低，除与原料的种类直接有关外，与原料的收割时期也高度相关。综合青贮原料的生物学产量和青贮饲料品质、营养价值、采食量等多种因素，禾本科牧草及其他农作物的收割期应在抽穗期，豆科的应在初花期。玉米整株青贮（即带玉米棒青贮）的，一般多在玉米成熟期收割。玉米秸秆青贮，一般多选在玉米籽粒成熟收获后、玉米秸秆和叶片大部分是青绿色的时期及时收割。

（2）切碎长度。生产上主要根据原料的茎秆柔软程度来决定原料的切碎长度，一般禾本科牧草及一些豆科牧草茎秆柔软，切碎长度应为2~3

厘米。茎秆较粗硬的原料,如玉米秸秆等切碎长度应为1~2厘米。

(3)原料的选择。制作青贮饲料的原料,首先要求无毒、无害、无异味。其次,青贮原料必须含有一定的糖分和水分。青贮原料中的含糖量应占鲜重的1.0%~1.5%。根据含糖量的高低,可将青贮原料分为三类:

第一类,易于青贮的原料。在青绿植物中如玉米、甘薯藤、芜菁、甘蓝、甜菜叶、狗尾草等,含有较丰富的糖分,在青贮时不需添加其他含糖量高的物质。

第二类,不易青贮的原料。这类原料含糖分较低,但饲料品质和营养价值较高,如紫花苜蓿、草木樨、三叶草、饲用大豆等豆科植物。豆科牧草蛋白质含量较高而糖分含量较低,满足不了乳酸菌对糖分的需要,单独青贮时容易腐烂变质,这类原料应与第一类含糖量高的原料如玉米、甜高粱等混合青贮,或添加制糖副产物(如鲜甜菜渣、糖蜜等),或采用半干青贮。

第三类,不能单独青贮的原料。这类原料不仅含糖量低,而且营养成分含量不高,适口性差,必须添加含糖量高的原料,才能调制出中等质量的青贮饲料。如南瓜蔓、西瓜蔓等。

(4)合适的含水量。青贮原料的含水量是影响乳酸菌繁殖快慢的重要因素:若水分不足,青贮时原料不能踩紧压实,窖内残留空气较多,为好氧性细菌繁殖创造了条件,容易引起饲料发霉腐烂;若水分过多,植物细胞液被挤压流失,使养分损失,影响青贮饲料的质量。

一般青贮原料的适宜含水率为65%~75%,通常的经验做法是用手紧紧攥住粉碎后的原料,以手指缝不滴水,但松开后手掌内比较潮湿为适宜标准。更科学的方法是用水分测定仪检测粉碎后原料的水分。如果青贮原料含水率过高,可于收割后在田间晾晒1~2天,以降低含水率。如果遇阴雨天不能晾晒时,可以添加一些秸秆粉或糠麸类饲料,以降低含

水率。

青贮原料如果含水率不足,可以添加清水,但要根据原料的实际含水率计算加水量。为便于操作,常用原料含水率及加水量计算结果见表6-1。

表6-1　**青贮原料常用加水量计算表**(调整后的含水率要求在65%~75%)

| 原料 | | 每吨原料 | 调整后的 |
实际含水率(%)	干物质(%)	加水量(千克)	含水率(%)
65	35	200	70.8
60	40	300	67.2
55	45	400	67.9
50	50	500	66.7

4.青贮的操作技术

青贮的发酵过程,大致可分为三个阶段:第一阶段是从原料装入窖内开始,到原料经过呼吸作用、窖内变为厌氧状态时为止。这个阶段时间长短是由窖内氧气残存量和密封程度所决定的,其时间越短越好。在这个阶段,原料的呼吸作用和好氧性细菌的活动将可溶性糖类分解成二氧化碳和水,并产生热量,蛋白质被分解成氨基酸。第二阶段是乳酸菌增殖,乳酸大量生成。当乳酸量为原料的 1.0%~1.5%,pH 为 4.2 以下时,便进入第三阶段。在第三阶段,青贮窖内蛋白质分解和一般细菌减弱直至停止活动,各种变化基本上处于稳定状态。在一般情况下,装料后 20 天左右,即可达到这个状态。如果密封条件好,这种稳定状态就能长期持续下去。

为了保证青贮质量,在调制时应注意掌握以下要点:

(1)压实。常规的青贮是利用微生物的乳酸发酵作用,而乳酸菌是厌氧菌,只有在没有氧气的条件下才能增殖。因此,在青贮过程中,原料粉碎得越短、压得越实、密封越严越好。青贮时必须注意边粉碎边贮存,一

层一层地装填,并踩紧压实。一般每装填 30 厘米左右即压实一次。小的青贮窖池可人工踩压或用石碾来回滚压,大的窖池可用挖掘机或重型卡车碾压。压实时应由四周依次压到中心,将青贮料压紧,使其中的空气尽量排出,以利于乳酸菌的繁殖。要特别注意压实边角部分。如果压得不严实,使青贮料内空气过多,有害微生物就容易繁殖生长,从而引起霉烂。青贮料踩压得紧,由于窖内氧气含量少,发酵的速度也就比较慢,青贮时的温度即可以保持在 25~30℃。如果踩压不紧,其中含氧气过多,温度则可以上升到 50~60℃,会迅速地降低青贮料的营养价值,其中的含氮物质、糖、淀粉和维生素便会大量流失。

(2)封窖。青贮原料按逐层铺放、踩紧、压实的方法装填完毕后,要及时封窖,防止漏水漏气。由于封窖数天后,青贮料会出现下沉,因此在装填时原料应高出窖口 0.5 米,防止原料沉降后下雨积水。

小型青贮窖池封窖的主要做法是在原料上覆盖塑料薄膜,在塑料薄膜上铺满 10~15 厘米厚的干草,再在干草上平堆 1 米左右厚的土。窖池顶部做成有一定坡度的屋脊状,即中间高两边低,以利于排水。大型窖池可在装填完成后,在原料上覆盖多层塑料薄膜,然后再在塑料薄膜上挨个铺满废旧汽车轮胎。有条件的羊场可在青贮窖池上搭建遮雨棚。

封窖后 5~7 天,青贮料即可完成发酵过程。此时,窖内饲料体积缩小,窖内原料会出现下沉现象,日常管理时应加强巡查,注意观察青贮窖池有没有破损,有没有漏水漏气,如有应及时补好缝隙,以利于青贮饲料的保存。

5.青贮设备

制作青贮饲料的设备主要有青贮窖、青贮池、裹包青贮机、青贮塑料袋等。一般根据肉羊养殖规模、青贮原料的种类和数量来确定采用何种青贮方式,目前最常用的是青贮窖青贮、裹包青贮和塑料袋青贮。

（1）青贮窖青贮。一般小规模肉羊养殖场（户）多采用长方形窖，用砖、石、水泥建造，窖壁用水泥挂面，以减少青贮饲料水分被窖壁吸收。窖底只用砖铺地面，不抹水泥，以便使青贮时多余的水分渗漏。一般小型窖池宽 1.5~3 米，深 2.5~4 米，长度根据需要而定。长度超过 5 米时，每隔 4 米砌一横墙，以加固窖壁，防止窖池墙体倒塌。

大规模饲养场采用青贮壕，此类建筑最好选在宽敞、地势高燥或有斜坡的地方，开口在低处，以便夏季排出雨水。青贮壕一般宽 4~6 米，深 5~7 米（其中地上 2~3 米），长 20~40 米。必须用钢筋混凝土建筑永久窖。青贮壕三面砌墙，地势低的一面敞开，以便车辆运取饲料。

（2）裹包青贮。利用打捆机将粉碎切成段的青贮原料打成圆柱形的草捆，然后利用裹包机在草捆的外面包裹上 4~6 层可拉伸回缩塑料膜。由于使用机器打捆和裹包，青贮原料被压得很紧实，包裹密封得很严实，青贮效果较好。目前，市场上销售的裹包青贮机机械化程度较高，可以做到粉碎、打捆和裹包一体化和自动化。一般常用机械制作的青贮裹包直径 55 厘米、高 65 厘米，体积 0.154 米³，质量约 55 千克；大型机械制作的青贮裹包直径 120 厘米、高 120 厘米，体积 1.356 米³，质量约 500 千克。

肉羊养殖场利用裹包青贮的优点：可根据各自的情况随时随地安排生产，减少劳动力投入，同时贮存、取饲方便，不受季节、日晒、降水和地下水的影响，可在露天堆放，易于运输和商品化；缺点：需要投入一定的资金购置专用的机械设备和配套的可拉伸回缩塑料膜等材料，成本有所增加。

（3）塑料袋青贮。将粉碎切成段后的青贮原料装填进塑料袋，尽量压实排出空气，然后扎紧袋口，防止漏气。为保证塑料袋青贮的效果，有条件的建议购置专用的打捆机，可以将原料通过机器打成紧实的方形草捆，然后装入塑料袋并密封袋口。目前，市场上有青贮专用的塑料袋出

售,袋宽 50 厘米、长 80~120 厘米,每袋可装青贮原料 40~50 千克。塑料袋青贮的贮量较小,较适合肉羊养殖户使用,但成本较高,而且塑料袋易受鼠害,会导致漏气而使青贮料发生腐败变质。

6.青贮饲料的品质鉴定

为确保青贮饲料的品质,在青贮过程中可以添加青贮添加剂。青贮饲料的优劣主要通过色、香、味等来进行鉴定。青贮饲料的颜色因原料不同而有所差异,一般越接近原料本色,品质越好。品质好的青贮饲料呈黄绿色或青绿色,酒香味浓烈,攥紧成团后松手会散开;品质中等的青贮饲料呈黄褐色或暗绿色,酒香味较淡或有刺鼻的酸味,攥紧成团后松手不容易散开;品质低劣的青贮饲料呈褐色或黑色,有刺鼻的臭味或霉味,如果腐烂或呈黏糊结块状则不能饲用。

7.青贮饲料的使用

肉羊饲喂青贮饲料时,饲喂量应由少到多,逐步增加,以便使肉羊逐渐适应。肉羊适应后根据体重大小,每只每天可饲喂 1.5~2.5 千克。为预防长期单一饲喂青贮饲料造成肉羊瘤胃酸中毒的发生,每日可搭配饲喂其他干草等粗饲料或在精饲料中添加 0.5%左右的小苏打。

三 微贮

农作物秸秆等粗饲料微贮是指在农作物秸秆中加入秸秆发酵活干菌等高效活性菌种后再放入窖池、塑料袋等密封容器中贮藏,经过一定时间的发酵使农作物秸秆变成具有酸香味的饲料的一种贮存技术。

秸秆微贮成本低、效益高,每吨微贮饲料只需 3 克秸秆发酵活干菌。秸秆经微贮后粗纤维的消化率可提高 20%~40%,肉羊的采食量显著提高,在添加到肉羊日采食量的 40%时,肉羊日增重 250 克左右。

1.菌液配制

将 3 克左右秸秆发酵活干菌溶入 200 毫升水中,常温下静置 1~2 小时,然后将菌液倒入充分溶解的 1%食盐溶液中拌匀,用量见表 6-2。

表 6-2 微贮秸秆发酵菌液配制

种类	重量 (千克)	活干菌用量 (克)	食盐用量 (千克)	水用量 (升)	微贮饲料 含水量(%)
稻、麦秸秆	1000	3.0	1.2	120	60~65
黄玉米秸秆	1000	3.0	0.8	80	60~65
青玉米秸秆	1000	1.5	—	适量	60~65

2.微贮饲料调制

将秸秆等粗饲料粉碎,其长度以 1.0~1.5 厘米为宜,将配制好的菌液和粉碎后的秸秆等充分搅拌均匀,使其含水量在 60%~65%,然后逐层装入微贮窖或塑料袋中压实,经 30 天发酵后,就可饲用。

3.注意事项

用窖微贮,封窖时微贮饲料原料应高于窖口 40 厘米,盖上塑料薄膜,上盖约 40 厘米厚的稻、麦秸秆,后覆土 15~20 厘米,密封严实。

用塑料袋微贮,塑料袋厚度须在 0.6~0.8 毫米,无破损,厚薄均匀,严禁使用装过有毒物品的塑料袋及聚氯乙烯塑料袋,每袋以装 20~40 千克微贮饲料为宜。开袋取料后须立即扎紧袋口,以防变质。

用微贮饲料饲喂肉羊需要有一个渐进的过程,喂量由少至多,最后可占日采食量的 40%左右。

第七章 ▶ 肉羊疫病防治

随着肉羊产业规模化、集约化的程度越来越高,肉羊的养殖密度逐步增加、运动量相对减少,加上市场活羊交易的日益频繁,传染病、营养代谢病和繁殖疾病的发病率不断上升,一些散发病呈现出群发趋势,一些非常见病可能集中发作。因此,羊场疫病防治面临着新的挑战,应坚持"预防为主,防治结合"的原则,采取综合防控措施,重点在于加强日常饲养管理,严格防控群发性的重大传染病和寄生虫病的发生,减少常见普通病的发病率。

▶ 第一节 病羊的诊疗

肉羊养殖场(户)在羊的日常饲养管理过程中,可能会遇到羊发生各种各样的疫病。这些疫病一般不外乎传染病、寄生虫病和普通病三类。传染病主要是由于各种致病病原微生物侵入羊体造成的。寄生虫病主要是由于各种体内、体外寄生虫侵害羊体引起的。普通病多因饲养管理不当、外界环境变化、异物性刺激和机械性损伤等导致。为确保羊的健康,降低羊因病死亡造成的直接经济损失,饲养管理人员应在羊群中及时识别出病羊,准确诊断出羊病,并及时予以合理的治疗。

一 病羊的识别

从羊群中识别出病羊是羊病诊断、治疗的基础。在日常饲养管理过程中,饲养管理人员应有高度的责任心,通过眼看、耳听、手摸等方法,注意留心观察每只羊每天的采食、饮水、运动、被毛、皮肤、结膜、粪尿等变化及精神状态,从羊群中及时发现病羊或疑似病羊,做到"早发现,早隔离,早诊断,早治疗"。

1.观察体表被毛

健康羊被毛整洁、顺滑、不脱落、有光泽,皮肤红润有弹性;病羊被毛散乱、干枯、没有光泽、易脱落,皮肤苍白或红肿、有痂皮、有脓疱等。健康羊眼睛明亮有神,耳朵灵活,鼻镜湿润,眼角、嘴角和鼻孔没有异常分泌物;病羊一般目光呆滞,流泪,鼻镜干燥,眼角、嘴角或者鼻孔等处分泌物增多。

2.观察精神状态

健康羊精神活泼,步态平稳,行动敏捷,对外界声响反应敏感,放牧时不离群、不掉队;病羊则多数精神不振、沉郁或兴奋不安,步态蹒跚、跛行、站立不稳,对外界声响反应迟钝,放牧时常掉队等。休息时,健康羊屈膝而卧,多数右侧腹部着地躺卧,躯体自然伸展;病羊则随地躺卧,或躲在圈舍靠墙边角,躯体蜷缩。

3.观察采食情况

舍饲肉羊在饲喂草料、精饲料时,健康羊行动迅速有抢食行为,食欲旺盛;病羊则采食不积极,食欲下降或废绝,呆立圈舍一角或卧地不起。放牧时,健康羊紧跟羊群,边走边采食;病羊很少采食或不吃,一般落在羊群的后面。健康羊反刍和咀嚼持续有力,一般反刍2~4次,咀嚼40~60次/分;病羊的反刍和咀嚼次数减少,严重时反刍停止。

4.观察粪便形态

健康羊粪便排泄顺畅,粪球呈椭圆形、两头稍尖、颜色黑亮,肛门、臀部和尾根部干净无粪污,尿液清亮、稍黄,一般每天排尿 3~4 次;病羊排粪便时可见腰部拱起努责现象,粪干小无光泽或稀软不成形甚至呈黑臭水样,肛门、臀部和尾根沾有粪污,尿液颜色有变化,排尿次数显著增多或减少甚至不排尿。

通过以上及其他观察,对羊群中发现的病羊或疑似病羊应立即标记,并挑出病羊做进一步检查、诊断及治疗。有条件的羊场应将病羊转移至专门的病羊圈舍进行隔离诊治。

二 羊病的诊断

及时准确诊断出病羊究竟得什么病是羊疫病防治的前提,治疗时才能做到对症下药,提高防治的效果,最大限度地减少羊场因疫病造成的经济损失。羊疫病诊断的方法主要有临床诊断、病理剖检诊断、实验室诊断等,但受条件限制,一般肉羊养殖场(户)最常用到的是临床诊断和病理剖检诊断。

1.临床诊断

临床诊断最常用的方法是了解羊场饲养管理情况、观察病羊状态和测量病羊体温等,主要是为下一步的对症治疗提供依据。

发现病羊后,应首先了解病羊的饲养管理方式是舍饲还是放牧,所饲喂饲料的组成和种类、圈舍及其周边环境卫生条件等饲养管理情况,分析判断是不是因为饲料、饲养或管理等因素造成的发病。同时,注意观察病羊的呼吸方式、膘情、站卧姿势、行走步态、被毛皮肤、结膜、采食、饮水、粪便颜色和形状等整体及局部的异常表现。羊正常体温一般为 38~40 ℃,通过手摸羊耳朵可以大概判断羊体温是升高还是降低,较准确的测量体温的方法是用体温计插入羊直肠 3~5 分钟。体温升高一般可初步判断为急性炎症、急性热性传染病或中暑等,体温下降可初步判断为营养不良、心力衰竭或中毒等。

2.病理剖检诊断

对临床上无法确诊的病例,生产中常选择相同症状病死羊或濒死羊进行剖检以进一步确诊。剖检时主要观察胃、肠、肝、脾、肾等内脏器官和组织出现的特征性病理变化,以准确判断是什么病。剖检后仍然不能确诊的,必要时应采集病变组织样本送有关科研院所进行实验室诊断。

剖检一般首先观察病死羊体表被毛、皮肤、膘情、口、眼、鼻、肛门、外生殖器等外在变化,再剖开检查皮下脂肪、淋巴结、胃、肠、肝、胰、肾、膀胱、尿道、卵巢、子宫、心、肺等组织器官的位置、颜色、大小、质地、形状等异常病变。值得注意的是,在剖检病羊时应做好个人及周边环境的防护,尤其是在剖检感染人畜共患病的病羊时。另外,根据有关规定,发生炭疽病或疑似炭疽病的羊不得进行剖检。

三 给药方法

羊的给药方法较多,一般应根据羊的年龄、个体大小、病情等结合药物的剂型,选择适当的给药方法。

1.口服给药

片剂或粉剂药物常口服给药,一般驱虫、健胃时常用。大群羊预防时可将药物按一定比例添加到饲料或饮水中混匀,让羊采食或饮用,要保证每只羊都能吃到或喝到。个别或少数羊预防或治疗时可打开羊的口腔,将药物直接投进羊的舌根部,然后托起羊的下颌抬高羊头,刺激咽部让羊吞服,要注意防止羊吐出药物。

2.注射给药

液体药物常注射给药。金属注射器和针头使用前应清洗并高温消毒,建议选用5~10毫升一次性注射器和针头。注射前,应排除注射器内的空气。根据注射给药部位的不同,日常主要使用皮下注射、肌内注射和静脉注射三种方法。

3.药浴

药浴是预防或治疗羊疥螨、痒螨、虱子、跳蚤和蜱虫等体外寄生虫的一种有效方法,一般一年2次。绵羊在剪毛后10~15天进行药浴,可有效预防体外寄生虫病发生。药浴主要采用池浴或淋浴,应选择在晴朗无风的天气进行,先药浴健康羊,后药浴有皮肤病的羊,注意药物添加量和药浴时间以防羊中毒。

● 第二节 羊病综合防治

一 科学饲养管理

科学饲养、精心管理、增强肉羊抗病能力是预防羊病发生的重要措施。

对放牧羊或半放牧半舍饲羊,应做到科学放牧、合理补饲,尤其是对妊娠母羊、哺乳母羊和羔羊的补饲。

对全舍饲羊,应合理分群,保持合适的饲养密度,饲料种类力求多样化并合理搭配与调制,使其营养丰富全面;重视饲料和饮水卫生,不喂发霉变质、冰冻及被农药污染的草料,不喂污水;保持羊舍清洁、干燥,注意防寒保暖及防暑降温工作。

二 加强卫生消毒

建立定期卫生消毒制度。定期对羊舍、用具和运动场等进行预防消毒，是消灭外界环境中的病原体、切断传染途径、预防疫病的必要措施。羊场大门口应设置车辆进出消毒池和人员消毒通道。圈舍内应每天清扫一次，保持舍内清洁卫生，每月圈舍内外及周边环境应消毒一次。粪便及时清扫、堆积、发酵，以杀灭粪便中的病原菌和寄生虫或虫卵。消毒药物应选择广谱、高效、低毒的，应选择 2 种或 2 种以上药物交替使用。

三 按时免疫接种

不同羊场应根据所在地及本场疫病发生和流行情况，科学制定疫苗免疫接种制度，按时按要求接种相应的疫苗，不要抱任何侥幸心理。接种时应了解疫苗类型、运输及保存条件、接种时间、接种方法和剂量等，严格按照疫苗说明书进行免疫接种。肉羊常用疫苗的种类及接种方法见表7-1。

表 7-1 肉羊常用疫苗

免疫时间	疫苗种类	接种部位	免疫期
每年 2 次，春、秋季各 1 次	羊快疫、猝疽、肠毒血症"三联四防"	肌内或皮下注射	6 个月
每年 2 次，春、秋季各 1 次	口蹄疫疫苗	肌内或皮下注射	4~6 个月
每年 1 次	小反刍兽疫疫苗	皮下注射	36 个月
每年春季 1 次	羊痘疫苗	尾根或股内侧	12 个月
每年春季 1 次	山羊传染性胸膜肺炎疫苗	肌内或皮下注射	12 个月
每年 2 次，春、秋季各 1 次	羊口疮疫苗	口腔黏膜内注射	6 个月

四 定期计划驱虫

根据饲养方式和羊场实际情况，建立定期驱虫制度。体内寄生虫，一

般舍饲羊一年驱虫2次,放牧羊一年驱虫3~4次。避免长期使用同一种驱虫药,以防寄生虫产生抗药性,建议选择2种及2种以上驱虫药交替轮换使用。对体外寄生虫,一般每年药浴2次。

应选择广谱、高效、低毒驱虫药物,并准确了解药物的作用范围。如丙硫咪唑类药物对胃肠道线虫、肺线虫和绦虫有效,可同时驱除混合感染的多种寄生虫,是较理想的体内驱虫药物,但对体外寄生虫无效。

五 合理使用药物

羊病发生时应本着"早发现,早诊断,早治疗"的原则,及时发现病羊,及早诊断病情,尽快确诊并制定合理的治疗方案。同时,及时对症给药进行治疗,避免用药不及时延误治疗。应根据病羊的体重大小合理控制药物用量,确保药物的疗效。生产中,一般能通过饲料和饲养管理等调控达到疾病防控效果的尽量不用药,能饮用或饲喂的不注射,能注射的不输液。兽药的使用须遵循国务院兽医行政管理部门规定的兽药安全使用规定,严格遵守兽药休药期规定,建立用药档案,不得使用国家明令禁止的药品和化合物。

▶ 第三节 羊常见传染病

一 羊布鲁菌病

布鲁菌病也就是常说的布氏杆菌病,简称"布病",是由布鲁菌引起的一种人畜共患的慢性传染病,主要感染牛、羊、猪等家畜,并可由其传染给人和其他动物。

1.病原

羊布鲁菌病有 6 个种 20 个生物型,其病原是马耳他布鲁菌。菌体呈球杆状或短杆状,大小为(0.5~0.7)微米×(0.6~1.5)微米,它没有芽孢、荚膜和鞭毛,不运动。病羊或带菌羊是主要传染源,病菌随公羊精液、母羊乳汁和其他脓性分泌物尤其是流产胎儿、胎衣、羊水及子宫渗出物等污染水源、饲草和饲料、劳动工具等,导致健康羊被感染。主要的传播途径是消化道,其次是生殖道、皮肤和黏膜。病羊多因采食被病菌污染的饲料、饮水而感染,饲养管理人员主要是在没有防护或防护不完全的情况下给羔羊接产时被感染。该菌在自然环境中可长期存活,但可被直射阳光、5%生石灰水、1%来苏儿、2%福尔马林等灭杀。

2.症状

潜伏期症状不明显,发病时临床表现为病羊生殖器官和胎膜炎症、流产、不育等。感染的母羊多表现出流产或产死胎的症状,流产多发生在母羊妊娠后的第3—4个月,流产前母羊阴道流出黄色黏液和血液。母羊流产后会出现胎衣不下、子宫内膜炎等症状。流产胎儿的胎衣绒毛膜充血或出血或水肿糜烂。感染的公羊多发生睾丸炎、附睾炎和精索炎等生殖系统炎症,主要表现为睾丸肿大、硬结,出现坏死灶或化脓灶。

3.诊断

羊场母羊出现不明原因流产时,应高度怀疑是否是该病的发生,无法判断时应采集病样送相关兽医检疫检验机构诊断。常用血凝试验、皮肤变态反应试验、免疫荧光试验等免疫血清学方法诊断。

4.防治

羊布鲁菌病无特效治疗药物,一旦确诊应立即上报当地畜牧兽医主管部门,对阳性羊进行扑杀和无害化处理,对圈舍、用具、环境等彻底消杀。日常管理时,每年应对羊群定期进行布鲁菌病的血清学检查,及时发

现及时扑杀。饲养管理人员应注意做好个人防护,尤其是不得直接接触不明原因流产的胎儿、胎衣及排出物。根据《中华人民共和国动物卫生防疫法》该病属二类疫病,安徽省属布鲁菌病二类地区,原则上禁止对羊实施免疫,确需免疫的,养殖场(户)可逐级上报,经省级畜牧兽医主管部门同意后,以场群为单位进行免疫。

二 羊传染性胸膜肺炎

羊传染性胸膜肺炎是由支原体引起的山羊和绵羊的一种高度接触性传染病,以高热、咳嗽和浆液纤维素性胸膜肺炎为主要特征。

1.病原

羊传染性胸膜肺炎病原为支原体。丝状支原体山羊亚种只感染山羊,绵羊肺炎支原体对绵羊、山羊均可感染。两种支原体均为多形体,形态多样。菌体直径150~1 250纳米。气候、羊群密集程度和环境卫生条件等是本病的诱因,多在早春和冬季发生。病羊和带菌羊是传染源,主要通过呼吸道分泌物排菌。发病后传播速度快,20天左右可传播至全群。流行期20~60天。

2.症状

羊传染性胸膜肺炎临床根据病程长短,表现为最急性、急性和慢性三种类型。

最急性型体温会升高到41~42 ℃,病羊咳嗽、流浆液性鼻液、卧地不起、发出哀鸣声、精神沉郁、食欲废绝、呼吸急促而困难,多数病羊1~3天内死亡。

急性型是生产中最常见类型,病羊初期体温升高、短湿咳、流浆液性鼻液,后期干咳、流脓性鼻液,持续高热不退,呼吸困难,发出痛苦的呻吟声,腰背拱起,怀孕母羊出现流产,卧地不起。病程1~3周甚至以上。

慢性型多发生在夏季,症状较轻,主要表现为间歇性咳嗽、被毛粗乱、腹泻、流鼻液等。

3.诊断

根据咳嗽、流浆液性鼻液等症状,结合剖检胸腔内大量积液、肺坏死、肺膜与胸膜间发生粘连等可以初步诊断,有必要可以采集病料送实验室分离鉴定病原菌进一步确诊。

4.防治

对发现的病羊立即隔离,所在圈舍彻底清扫、消毒。病羊肌内注射土霉素和氟苯尼考,一天 2 次,连用 3~5 天。

预防时根据不同品种、当地发病和流行情况注射相应疫苗,山羊选择接种山羊传染性胸膜肺炎氢氧化铝疫苗,绵羊选择接种绵羊胸膜肺炎支原体灭活疫苗。

三 口蹄疫

口蹄疫是一种急性、热性、高度接触传染性疾病,主要感染偶蹄动物,如牛、羊、猪、骆驼、鹿等,也可传染给人。传播途径很多,可通过饲料、水、工具等直接或间接接触传染。病羊除口腔、蹄部发生水疱和溃烂外,有时乳房也可发生。该病因发病率高、传播快、流行地域广、易感动物种类多、病原变异性强,世界动物卫生组织将其列为 A 类动物传染病。

1.病原

口蹄疫病原为口蹄疫病毒,病毒呈球形,直径 23 纳米左右。病毒衣壳的立体结构为三、五轴对称的正二十面体。口蹄疫病毒变异性极强,表型变异主要表现在抗原性和宿主嗜性两个方面。口蹄疫病毒主要从上呼吸道、食管和无毛处皮肤侵入机体,并在入侵处增殖,形成原发性水疱。增殖的病毒随血液到达全身,并大量增殖,形成全身症状和继发性水疱。

2.症状

羊口蹄疫在易感动物中临床症状表现较轻,有的呈隐性感染。绵羊一般仅见蹄部有豆粒大小的水疱。山羊蹄部症状较少见,主要在口腔黏膜部位出现水疱。病羊精神沉郁、厌食、发热、口蹄部位出现水疱。初期可见流涎,继而口、舌、蹄、乳头等部位发生水疱,水疱破裂后形成溃疡,随之结痂。

口蹄疫潜伏期1~10天,病程2周左右。在没有出现其他并发症的情况下,成年羊在2~3周自愈,病死率5%以下。羔羊病死率较高,一般在20%~50%,有的可超过70%,主要表现为胃肠炎和心肌炎,常在不出现水疱等特征性症状的情况下于感染初期突然死亡。

3.诊断

发现羊出现流涎、跛行或卧地不愿意行走等情形,应仔细检查口、蹄、乳房等部位是否出现水疱。发现有水疱,应立即采集病料送当地畜牧兽医主管部门指定的实验室诊断。

4.防治

发生口蹄疫疫情后,不允许治疗,应立即上报当地畜牧兽医主管部门,按国家有关规定严格实行划区封锁,就地扑杀,并进行无害化处理。疫情发生后,对未病羊紧急接种口蹄疫疫苗,同时搞好圈舍及周边环境的消毒工作。

预防措施:每年2次口蹄疫疫苗强制免疫,严禁从疫区购买动物及其畜产品、饲料、生物制品等。

（四）羊痘

羊痘是由羊痘病毒引起的一种热性接触性传染性病毒病,主要病理特征是在羊的皮肤、黏膜和内脏形成痘疹。绵羊痘病毒只感染绵羊,山羊

痘病毒只感染山羊。

1.病原

病原为羊痘病毒,病毒呈砖形,大小为 115~194 纳米。该病毒对高温、直射阳光、碱和大多数常用消毒药物较敏感,但耐干燥,在干燥的痂皮中能存活 3~6 个月。病羊是主要的传染源。病毒可随鼻液、唾液、痘疹渗出液、痘疹痂皮、呼出的气体及乳汁从病羊体内排出,污染环境。健康羊通过呼吸道以及损伤的皮肤、黏膜而感染。

2.症状

初期体温会升高到 41~42 ℃,结膜潮红,流出鼻液,精神不佳,经 1~4天发痘。痘疹多发生在眼、唇、鼻、颊、四肢、尾内侧、阴唇、乳房、阴囊、肛门周围等无毛或少毛的皮肤部位。开始为红斑,圆形,直径 1~1.5 厘米,1~2 天后转变为隆起的灰白色丘疹。后期表面松弛起皱,形成皱膜丘疹,接着痘疹坏死,干燥结痂并脱落,形成瘢痕。在痘疹的发展过程中,如继发化脓性感染,则表现为脓疱或溃疡;如继发坏死杆菌感染,可形成坏疽性溃疡。口黏膜可能在舌、齿龈、硬腭与颊面形成痘疹或发生溃疡。

羊痘潜伏期平均为 6~8 天,病程为 3~4 周。羔羊较成年羊敏感,发病率高,病情严重,病死率也高,羔羊的病死率在 20%~50%。冬、春两季较多发病,气候寒冷、营养缺乏、饲养管理不当可促使羊发病和加重病情。

3.诊断

典型病例可根据患病羊的皮肤和口腔黏膜的痘疹病变情况诊断,非典型病例可通过实验室制作丘疹切面涂片镜检、红细胞凝集抑制试验和琼脂免疫扩散试验等确诊。

4.防治

除用碘酊或紫药水涂擦病羊皮肤痘疱外,还可用 0.1%高锰酸钾液冲洗黏膜病灶,然后再涂以碘甘油或紫药水。如有继发感染时,每日肌内注

射 80 万~160 万国际单位青霉素或 10%磺胺嘧啶钠 10~20 毫升，连注 3 天。症状较轻的病羊无须特殊治疗,但应隔离饲养。

预防可采用羊痘细胞弱毒冻干疫苗皮下注射。

五 羊传染性脓疱(羊口疮)

羊传染性脓疱病又称羊传染性脓疱性皮炎,俗称羊口疮,是由传染性脓疱病毒引起的羊、人和其他动物急性接触性传染病,主要特征是患病羊口、唇等部位的皮肤、黏膜形成丘疹、脓疱、溃疡和结成疣状厚痂。

1.病原

病原为痘病毒科副痘病毒属中的传染性脓疱病毒, 病毒粒子呈砖形,含有双股 DNA 核心和由脂类复合物组成的囊膜。疱疹内容物和痂皮中的病毒在羊场中的传染力可保持几个月。病毒随脓疱分泌物和干燥痂皮排出,在干燥季节容易经皮肤伤口感染。乳房感染的母羊可传染至小羊,吮乳羔羊也可将此病传至母羊。阳光和高温可杀死病毒,也可用市场销售的常规消毒药物杀灭。

2.症状

临床上分四型,即唇型、蹄型、外阴型和混合型,其中以唇型最常见。主要在羊口角、上唇或鼻镜上发生散发性小红斑点,随即形成小结节,后发展为水疱或脓疱。脓疱破裂后,形成棕黄色疣状硬痂。硬痂扩大、加厚、干燥,1~2 周脱落,上皮康复。严重病例,病部继发丘疹、水疱、脓疱,并互相融合,波及整个口唇周围甚至面颊、眼睑和耳郭等部位,整个嘴唇肿大外翻,严重影响采食,病羊日趋消瘦,最终衰竭死亡。

各种年龄的绵羊、山羊都能发病,10~12 日龄羔羊最易感染,3~6 月龄的羔羊发病最多,并常呈群发性流行。病羊和带毒羊是传染源,主要是通过购入病羊或带毒羊感染健康羊群。一年中以干燥季节放牧羊发病较多。无继发感染,病死率低于1%;继发感染主要是肺炎或坏死杆菌,病死率可达50%。本病潜伏期4~7天,病程1~4周。

3.诊断

根据患病羊的临床症状和流行病学调查资料等进行诊断。实验室主要通过病理组织学观察和病毒电镜检查等确诊。

4.防治

无继发感染的病羊一般可自愈,较轻症状的病羊治疗可用0.1%高锰酸钾液冲洗患部后再涂抹碘甘油,口腔内采用喷洒冰硼散或青袋散粉剂,每天1~2次。有继发感染、症状较重的病羊在上述措施基础上,使用抗生素等对症治疗。

预防措施主要是坚决不从疫区引进羊只,在流行此病的地区应预防接种羊口疮弱毒细胞冻干苗进行免疫。

(六) 羊传染性角膜炎、结膜炎

羊传染性角膜炎、结膜炎俗称红眼病,是由多种病原引起羊眼角膜、结膜发炎的一种传染病,具有传染快、角膜和结膜发炎明显、大量流眼泪等特征。感染严重的病羊眼角膜混浊、溃疡或引发白内障,导致视觉障碍。

1.病原

羊传染性角膜炎、结膜炎的病原体主要有结膜支原体、鹦鹉热衣原体、立克体、李氏杆菌、奈氏球菌等。不同年龄和性别的羊都较易感染,病羊和带菌羊是主要传染源。病原体主要存在于眼结膜及其分泌物中,主要传播途径是直接或密切接触。该病发生的季节性不强,一年四季都可发生或流行,但春、秋两季发病较多,发病后1周内可迅速波及全部羊群,甚至出现流行性或地方流行性。山羊的发病率为40%~100%,拥挤、空气

污浊和卫生条件较差的圈舍会促进本病的发生和传播。

2.症状

病羊主要表现为眼角膜、结膜炎症,眼睑红肿,结膜潮红。初期呈结膜炎症状,流泪、怕光、眼角流出大量浆液性或黏液性分泌物,如治疗不及时可转变为脓性分泌物。后期炎症蔓延至眼睛的角膜、虹膜,导致角膜上出现白色或灰白色的斑点。严重的眼球所有组织被感染,可引起角膜破裂、晶状体脱落,导致失明。病羊一般没有明显的全身症状。

该病潜伏期一般为 2~7 天,病程多数在 20 天,长的约 40 天。多数病羊能自愈,基本不会引起死亡,但会因双目失明而被淘汰。

3.诊断

该病诊断较简单,主要根据羊结膜、角膜炎症特性进行判断,有必要的可通过微生物学检验确诊。

4.防治

加强日常观察,发现病羊眼结膜、角膜出现炎症症状时,可采用 2%~5%硼酸水、1%淡盐水或 0.01%呋喃西林冲洗眼睛后,再涂以红霉素、氯霉素、氢化可的松等眼药膏进行治疗。出现角膜混浊或白内障时可涂抹黄降汞软膏或滴入拨云散或青霉素加病羊全血眼睑皮下注射。

预防时应注意羊场圈舍的日常卫生和消毒管理,发现病羊及时隔离,并对其所在的整个圈舍进行彻底消毒。

（七）羊肠毒血症

羊肠毒血症是羊经常发生的一种急性传染病,绵羊比山羊多发。该病主要由于产气荚膜杆菌在羊肠道内大量增殖产生毒素引起肠道出血。该病也称为软肾病,主要是因为病死羊肾脏有软化现象。

1.病原

该病病原是产气荚膜杆菌,即魏氏梭菌。这是一种厌气性杆菌,在菌体中间或近端有芽孢,没有鞭毛。一般常用的消毒药物可杀死该菌繁殖体,但芽孢的抵抗力较强,不易杀死。

羊肠毒血症多散发,各品种、年龄的羊均可感染。具有较明显的季节性,安徽广大农区多发生在夏收和秋收季节,与羊采食过量青绿饲料有关,病羊一般膘情较好。

2.症状

突然发生,病程较短,羊出现典型临床症状后 2~4 小时就很快死亡。主要表现为抽搐、四肢划动、肌肉颤抖抽搐、眼球转动、磨牙、分泌大量口水、头颈抽缩等。也有的病羊病程稍长,表现为步态不稳、卧地不起、流口水、昏迷等。

病死羊剖检可见典型的软肾和"血肠"症状。肾脏表面充血,实质部变松软,稍加触压即碎成泥状。小肠黏膜充血、出血,肠壁呈血红色,肠道内有血红色内容物。

3.诊断

根据病羊死亡前临床症状,结合剖检的软肾、血肠结果基本可以确诊,必要时可进一步无菌采集肝、脾组织做细菌分离鉴定。

4.防治

急性死亡病例来不及治疗,也没有治疗意义。病程稍长的病例可口服土霉素或磺胺类药物或肌内注射青霉素,结合强心、镇静药物对症治疗。

在常发病地区,应制订免疫接种计划按时接种"三联四防"疫苗。同时加强饲料及环境卫生管理,适当增加羊群的运动量,提高免疫力。

八 羊巴氏杆菌病

羊巴氏杆菌病是一种由多杀性巴氏杆菌和溶血性曼氏杆菌引起的传染病的总称,主要发生于绵羊及其羔羊,山羊较少发生。多数由于剧烈的天气变化、断奶、运输等应激诱发,常在冬末春初散发或地方性流行。

1.病原

该病病原主要为多杀性巴氏杆菌和溶血性曼氏杆菌。多杀性巴氏杆菌是一种两端钝圆、中间微微凸起的短杆菌,没有芽孢,没有运动性。

2.症状

临床表现为最急性、急性和慢性三种形式。

最急性病例多发生于哺乳期的羔羊,多数为无明显症状的突然性死亡,发病急,只有打寒战、呼吸困难等表现,常常在几分钟或几小时内就死亡。

急性病例临床表现为羊体温升高到41~42℃,呆立一角或卧地不起、咳嗽、呼吸短促、鼻孔有出血和黏液分泌、精神沉郁、食欲废绝,部分病羊的颈部、胸前部会发生水肿。病初期羊出现便秘,后期发生腹泻,粪稀软或呈水状,恶臭并带有血丝和气泡。通常2~5天内病羊因腹泻严重脱水而死亡,死前鼻腔、口腔有黏性分泌物,呈泡状。

慢性病例病程较长,一般2~3周甚至更长。临床表现为肺炎症状,流黏液性脓性鼻液、咳嗽、呼吸困难,食欲下降或废绝,腹泻,逐渐消瘦。剖检可见肺炎、胸膜炎和心包炎症状。

3.诊断

发现浆液出血性肺炎或纤维素性胸膜肺炎时可怀疑是巴氏杆菌病,实验室可从血液、内脏器官分离出多杀性巴氏杆菌而确诊。

4.防治

发生该病时应立即采取隔离、消毒和治疗等措施,广谱抗生素及磺胺类药物对该病都有疗效。巴氏杆菌为羊体内常见菌,多因外界环境发生变化或饲养条件恶劣使羊机体抵抗力下降,导致内源性感染。病原体在发病羊体内继代,毒力迅速增强,进一步造成接触性传染,使疫情蔓延。

预防该病可注射灭活疫苗,平时要注意饲养管理,增强羊机体的抵抗力。

九 小反刍兽疫

小反刍兽疫俗称羊瘟,是由小反刍兽疫病毒引起的一种急性病毒性和高度接触性的传染病。在我国被列为 A 类动物疫病,主要感染小反刍动物,如绵羊、山羊等,以高热、眼角和鼻腔分泌大量分泌物、口炎、消化道溃疡、腹泻为主要特征。我国 2013 年曾大规模暴发羊的小反刍兽疫疫情,目前在少数肉羊养殖场仍有零星发生。

1.病原

小反刍兽疫病毒属副粘病毒科麻疹病毒属,病毒具多形性,通常为粗糙的球形,直径为 130~390 纳米。病毒核衣壳为螺旋中空杆状,并有特征性的亚单位,有囊膜。该病主要通过直接接触传染,病羊及其分泌物和排泄物是主要传染源。小反刍兽疫病毒不感染人,不属于人畜共患病。小反刍兽疫病毒对温度敏感,高温易灭活,大多数酚类消毒药剂可以灭杀。

2.症状

小反刍兽疫自然发病常见于山羊和绵羊,山羊比绵羊更容易感染,一般潜伏期为 4~6 天,最长 21 天。患病的羊,尤其是亚临床型的病羊是主要的传染源,主要通过呼吸道飞沫传播,也可通过哺乳、生产工具等接

触传播。临床发病较急,羊体温可上升至41℃,并可持续3~5天。病羊精神沉郁,被毛粗乱无光泽,鼻镜干燥,食欲减退,咳嗽、呼吸异常。鼻部流黏液性脓性鼻液,呼出的气体有恶臭。在发热开始的4天内,病羊的口腔黏膜充血,颊黏膜进行性、广泛性损害导致多涎,随后出现坏死性病灶,开始口腔黏膜出现小的、粗糙的红色浅表性坏死病灶,以后变成粉红色,感染部位包括下唇、下齿龈等处。严重病例可见坏死病灶波及齿垫、腭、颊部及其乳头、舌头等处。病羊后期出现带血水样腹泻,严重脱水,消瘦,随之体温下降。本病传染性和危害性较大,发病率可高达100%,在严重暴发时,病死率为100%;在轻度发生时,病死率不超过50%。

病死羊剖检可见在鼻甲、喉、气管等处有出血斑,肠道糜烂或出血,大肠特别在结肠与直肠结合处出现特征性出血或斑马条纹,淋巴结肿大,脾有坏死性病变。

3.诊断

根据临床症状,病死羊剖检肠道有特征性出血或斑马条纹状出血,结合流行病学调查可以初步诊断。实验室血清学检查和聚合酶链式反应与酶联免疫吸附试验可进一步确诊。

4.防治

该病无特效治疗药物,发病初期可使用抗生素和磺胺类药物治疗和预防继发感染。一旦发现确诊病例,应立即上报当地畜牧兽医主管部门,对病羊进行扑杀和无害化处理,对圈舍、用具、环境等彻底消毒。

预防主要使用小反刍兽疫弱毒疫苗,一般按说明书用生理盐水稀释至1毫升/头份,充分混合均匀,颈部皮下注射1毫升。小反刍兽疫弱毒疫苗应在-15℃以下保存,有效期为12个月,开瓶稀释后的疫苗应在半个小时内用完,严禁阳光照射或接触高温。

十 羊炭疽病

羊炭疽病是由炭疽芽孢杆菌引起的一种人畜共患的急性、热性和败血性传染病，常呈散发性或地方性流行。绵羊最易感染，人通常是通过接触患病羊或其产品被感染，临床以高热和败血症为主要特征。我国将其列为二类动物疫病。

1.病原

羊炭疽病的病原为炭疽芽孢杆菌，该菌直、长，没有鞭毛，有芽孢，不具运动性。该菌繁殖体不耐高温，60℃下，30~60分钟即可灭杀。但当繁殖体形成芽孢体后，抵抗力显著增强，在土壤等环境中可长期生存，100℃高温煮沸15~25分钟或高压121℃灭菌5~10分钟才可以灭杀。病羊是主要传染源，炭疽芽孢杆菌主要存在于病羊的各个器官、组织和血液中，尤其是临死前口、鼻等天然孔流出的血液中含有大量的细菌，造成土壤、草场、饲料、饮用水等污染。主要通过消化道、呼吸道、皮肤伤口以及蚊虫叮咬等传染。

2.症状

兽医临床上根据该病病程的长短，将羊炭疽病分为最急性、急性和亚急性三种类型。

(1)最急性型。羊突然发病，全身战栗，呼吸困难，可视黏膜发绀，步态不稳，行走摇摆，站立不稳后迅速倒地。羊临死前和死后口、鼻、肛门、阴道等天然孔流出血液，口鼻流出的血液呈泡沫状，肛门、阴道流出的血液不易凝固。

(2)急性型。病程1~2天，病羊体温升高，一般在40~42℃，精神沉郁，食欲下降或废绝，全身战栗，呼吸困难，可视黏膜为蓝紫色并有小的出血点。病初期羊便秘，后期拉带血的稀粪。临死前病羊体温迅速下降，唾液、

排泄物呈暗红色,肛门出血,全身痉挛。

（3）亚急性型。病程比急性型稍长,一般2~5天。病羊的颈部、前胸、腹下及直肠、口腔黏膜等部位出现炭疽痈,并逐渐肿胀和增大。

感染或疑似感染炭疽病死亡的羊,按有关规定禁止解剖。

3.诊断

羊炭疽病的诊断一般只能根据临床症状进行判断,由于是人畜共患病,实验室在采样、检测时应做好防护。

4.防治

发现病羊应立即隔离,并立即上报所在地畜牧兽医主管部门,按动物防疫法进行相关处置,不得擅自处理。对病羊所在的圈舍,应立即用烧碱连续多次进行喷雾消毒,一般连续3次以上,每次间隔1小时。病羊的粪便、被污染的饲草和饲料等应全部焚烧。

预防措施主要是严禁从疫区引进种羊或育肥羊,疫区或有发病历史的肉羊养殖场可以注射羊Ⅱ号炭疽芽孢苗,皮下注射1毫升/只,免疫期1年。

第四节　羊常见寄生虫病

肉羊感染寄生虫主要分为内寄生虫感染(如肝片吸虫、消化道线虫)和体表寄生虫感染(如虱、螨、蜱等)。内寄生虫可导致羊贫血、消瘦、局部水肿、下痢、流产等。外寄生虫以吸食羊血为主,使羊瘙痒、不安,进而皮肤发炎和消瘦。防治措施主要是定期驱虫、药浴和圈舍环境消毒。

一　羊肝片吸虫病

羊肝片吸虫病是由肝片吸虫寄生在肉羊肝脏、胆管和胆囊内引起肉羊肝炎、胆管炎为主要特征的一种常见体内寄生虫病,是我国分布最广、危害最严重的寄生虫病之一。

1.病原

病原体主要是肝片吸虫,呈叶片状,背腹部扁平,活体棕红色。虫卵呈椭圆形,金黄色,一端有卵盖。成虫虫体一般长 20~35 毫米,宽 5~13 毫米。成虫在肉羊的胆管内产卵,卵随胆汁进入肠道混在粪便中排到外界。虫卵在适宜温度、湿度条件下发育成毛蚴,毛蚴寄生在中间宿主——椎实螺体内发育成尾蚴后离开螺体,在适宜水体中发育成囊蚴,囊蚴黏附在水生植物上或漂浮在水面。羊采食了黏附有囊蚴的水生植物或饮用了含有囊蚴的水而被感染。囊蚴进入羊的消化道,在十二指肠内形成幼虫。幼虫穿过肠壁进入腹腔,再进入肝脏,最后进入胆管,发育成成虫。一般从感染到发育至成虫需要 75~85 天。一般放牧羊,尤其是常在小河流边、潮湿低洼地放牧的羊容易被感染。

2.症状

急性型的病羊出现全身黏膜苍白的贫血症状,食欲下降,轻度发热,体质虚弱,放牧时病羊离群落在后面。

慢性型的病羊被毛粗乱易脱落和折断,食欲下降,贫血,逐步消瘦,眼睑、颌下、胸下、腹下发生水肿,尤其颌下水肿最为明显,随着病程的延长出现胸腹水。病羊便秘、下痢交替发生,不及时治疗最终会衰竭死亡。

3.诊断

羊肝片吸虫病以慢性型最为常见,发现病羊出现被毛粗乱、贫血、消瘦及颌下水肿等症状可初步诊断,实验室可通过粪便检查有没有虫卵等进一步确诊。

4.防治

治疗可用丙硫苯咪唑或三氯苯唑(肝蛭净),根据病羊体重,按每千

克体重 8~12 毫克,一次性口服。

预防措施主要包括:每年春、秋两季口服丙硫苯咪唑或三氯苯唑驱虫 2 次;少到或不到低洼草地放牧;羊粪应进行高温堆肥处理,未经腐熟处理的羊粪禁止施用到牧草地。

二 羊绦虫病

羊绦虫病是由绦虫寄生在羊的小肠所引起的一种体内寄生虫病,影响羊尤其是羔羊的生长发育,甚至造成死亡。

1.病原

引起羊绦虫病的寄生虫主要有莫尼茨绦虫、曲子宫绦虫和无卵黄腺绦虫,这三种绦虫既可单独感染,也可混合感染,尤以莫尼茨绦虫感染造成的危害最严重。莫尼茨绦虫的虫体为乳白色的带状体,长可达 6 米,宽 16~26 毫米。虫卵长 50~60 微米,呈三角形、圆形或者不规则立方形。绦虫的中间宿主是生活在野外潮湿草地上的 20 多种地螨。虫卵或孕节随着羊粪排出体外,被地螨吞食后,在地螨体内发育成具备感染能力的似囊尾蚴。羊采食了附着有地螨的牧草后,地螨体内的似囊尾蚴在羊肠道内逸出,附着于羊小肠壁上并逐渐发育为成虫,引起羊绦虫病发生。

2.症状

病羊初期一般表现为被毛粗乱、无光泽,食欲下降,逐渐消瘦,精神不振,贫血,腹泻等。有的病羊会出现转圈、头后仰或肌肉痉挛等神经症状。羊粪球或腹泻粪中混有白色虫体、虫卵、孕节,有时可见虫体挂在肛门外。严重的,虫体阻塞肠管时病羊会有肠鼓胀和腹痛表现。后期病羊仰头卧地不起,频繁空咀嚼,嘴周围有泡沫,全身衰竭死亡。病死羊剖检在小肠内可见有长条带状的绦虫。

3.诊断

根据病羊症状及粪便中是否有白色虫体、虫卵、孕节等可以做出初步诊断,可采集羊粪用饱和盐水漂浮法在显微镜下检查粪中是否有虫卵进一步确诊。

4.防治

治疗应根据病羊体重选用吡喹酮、氯硝柳胺(灭绦灵)、阿苯达唑或甲苯达唑等药物,具体用量、用法应按照药物使用说明书进行。

预防应制订计划,定期交替使用上述药物进行驱虫,舍饲羊一般一年 2 次,放牧羊一般一年 4 次,避免在雨后、清晨、低洼的潮湿草地上放牧。做好羊场粪污的集中堆肥处理,没有腐熟的羊粪不得直接作为肥料抛撒在牧草地上。

（三）羊消化道线虫病

羊消化道线虫病是由种类繁多的线虫寄生在羊胃、肠等消化道内混合感染引起的,以羊胃肠炎、消化功能障碍、营养不良、消瘦为主要特征的一种体内寄生虫病。

1.病原

引起羊消化道线虫病的线虫种类较多,常见的包括:寄生在皱胃的捻转血矛线虫、马歇尔线虫,寄生在小肠的仰口线虫、古柏线虫,寄生在大肠的食管口线虫、夏伯特线虫,寄生在盲肠中的毛尾线虫以及在小肠和皱胃均可寄生的奥斯特线虫、细颈线虫、毛圆线虫等。其中以捻转血矛线虫、仰口线虫、食管口线虫和毛尾线虫的危害较严重。

羊消化道内的上述各种线虫在发育过程中不需要中间宿主,虫卵随粪便排出体外,在适宜的温度、湿度和光照条件下发育成具有感染能力的幼虫。羊在吃草或饮水时吃进了线虫的幼虫或虫卵就可以感染本病。

2.症状

病羊主要表现为精神不振,食欲下降,胃肠消化功能紊乱,胃肠道发炎,便秘和腹泻交替,粪便带血,逐渐消瘦,可视黏膜苍白等。少数羊会出现后肢无力、瘫软等神经症状,部分病羊下颌有水肿现象。病死羊剖检可在皱胃、小肠、大肠和盲肠等部位发现线虫。

3.诊断

根据临床症状可初步判断,确诊应结合粪便检查和病死羊剖检结果。

4.防治

治疗可选用阿苯达唑、左旋咪唑和甲苯达唑等药物,根据病羊体重大小使用,具体用药量和用法应参照相应药物使用说明书。

预防应采取加强饲养管理和按计划定期驱虫的综合防控措施,注意饲料、饮水的卫生,不吃露水草,不在潮湿低洼地放牧。

（四）羊血吸虫病

羊血吸虫病是由分体科分体属和东毕属的吸虫寄生在羊的门静脉、肠系膜静脉和盆腔静脉内,引起以羊贫血、消瘦与营养障碍等为特征的一种寄生虫病。分体属吸虫病是一种重要的人畜共患的寄生虫病,主要分布于我国长江流域的13个省、自治区和直辖市。在安徽省的池州、铜陵、安庆、芜湖、马鞍山等市、县偶有发生,尤其是放牧羊。东毕属的各种吸虫分布较广,几乎遍及全国。东毕属吸虫不引起人的血吸虫病,仅其尾蚴可引起人的皮肤炎症,但不能在人体内进一步发育。

1.病原

分体属吸虫引起的羊血吸虫病的病原是日本分体吸虫,其主要寄生在羊的门静脉和肠系膜静脉内。寄生在羊肠系膜静脉的主要是日本分体吸虫的成虫及虫卵,成虫也可寄生在羊的肝脏中。日本分体吸虫的虫体呈细长线状,雄虫乳白色,体长 1~2 厘米,宽 0.05~0.1 厘米。雌虫呈暗褐色,体长 1.2~2.6 厘米,宽约 0.03 厘米。虫卵呈短卵圆形,淡黄色,长 70~100 微米,宽 50~80 微米。日本分体吸虫的中间宿主为钉螺。

东毕属吸虫引起羊血吸虫病的较常见的虫种有土耳其斯坦东毕吸虫、彭氏东毕吸虫、程氏东毕吸虫和土耳其斯坦结节变种等。土耳其斯坦东毕吸虫虫体呈线状。雄虫乳白色,体表平滑无结节,体长 4.2~8 毫米,宽 0.36~0.42 毫米;雌虫呈暗褐色,体长 3.4~8 毫米,宽 0.07~0.12 毫米;虫卵无卵盖,长 20~77 微米,宽 18~26 微米。东毕属吸虫的中间宿主为多种椎实螺。

2.症状

日本分体吸虫引起的羊血吸虫病有急性型和慢性型之分,以慢性型为常见。急性型表现为羊体温升高到 40 ℃以上,临床表现为食欲不振,精神沉郁,行动迟缓,站立困难,贫血,消瘦,腹泻,不及时治疗,羊最终衰竭死亡。慢性型表现为羊消化障碍,极度消瘦,腹泻反复发生,脱毛,母羊发生不孕或流产,羔羊生长和发育受阻。通常绵羊和山羊感染日本分体吸虫时症状较轻。

感染东毕属吸虫的羊多为慢性过程,主要表现为颌下、腹下水肿,贫血,黄疸,消瘦,发育障碍及影响受胎,发生流产等。

3.诊断

根据所在地血吸虫病流行情况,有无钉螺、椎实螺分布,结合临床症状可初步判断,根据病死羊剖检和实验室检查结果可以进一步确诊。剖检病死羊明显消瘦、贫血和出现大量腹水,肠系膜静脉内有成虫寄生;肝脏病初肿大,后则萎缩、硬化;在肝脏和肠道处有数量不等的灰白色虫卵结节。实验室检查可采用水洗沉淀法镜检可疑病羊粪中有无虫卵的存

在,也可刮取直肠黏膜做压片镜检有无虫卵。

4.防治

治疗可用吡喹酮按每千克体重 60~80 毫克,分 2 次灌服。或用硝硫氰胺按每千克体重 4 毫克配成 2% 水溶液,颈静脉注射。

预防应定期驱虫,加强羊粪便的管理,不污染水源,不到有钉螺、椎实螺的地方饮水和放牧。

五 羊脑多头蚴病(羊脑包虫病)

羊脑多头蚴病又称羊脑包虫病,是由多头带绦虫的幼虫即脑多头蚴寄生在肉羊的脑、脊髓内,引起羊发生脑炎、脑膜炎及系列神经症状,甚至死亡的一种寄生虫病。羊脑多头蚴病全球分布,现在在我国呈零星散发状态,曾在东北、内蒙古和西北等地区以地方流行的形式发生。多发于狗、狼和狐狸等犬科动物活动频繁的地方。

1.病原

引起羊脑多头蚴病的病原是多头带绦虫的幼虫即脑多头蚴,也称脑包虫,呈囊泡状,囊体大小不一,从豌豆大到鸡蛋大不等,囊内充满透明液体,囊内壁上有 100~250 个直径 2~3 毫米的原头蚴。

多头带绦虫虫体长 40~100 厘米,由 200~500 个节片组成。头节有 4 个吸盘,顶突上有分成两圈排列的 22~32 个小钩。成熟节片呈方形,卵呈圆形,直径一般为 29~37 微米。

绵羊比山羊易感染脑多头蚴病,羔羊最容易感染,周岁羊发病最多,3 岁以上的成年羊不容易感染。羊脑多头蚴病春、秋季多发,公、母羊均可感染。

2.症状

根据病程的长短,羊脑多头蚴病有急性型和慢性型两种。

急性型患病羔羊的症状最为明显，一般在感染后 15 天左右病羊出现发热、食欲下降、精神沉郁、反应敏感或迟钝。严重病羊精神高度沉郁或高度兴奋，精神高度沉郁的病羊长期卧地不起；精神高度兴奋的病羊呈现神经症状，斜视，颈部弯向一侧、流涎磨牙，做前冲、后退或转圈运动，然后痉挛。病程 5~7 天，部分病羊因急性脑炎死亡，多数症状逐渐消失，转变为慢性。

慢性型病羊如果仅有一个或少数脑多头蚴寄生时，常常不表现明显症状。寄生的脑多头蚴多时，囊泡增大，压迫脑和脊髓，表现出症状，寄生部位不同临床症状不完全相同。脑多头蚴寄生在羊大脑额区时，羊只会直线向前，遇到障碍物用头抵住，呆立不动或做转圈运动；脑多头蚴寄生在大脑后部枕骨区时，羊仰头做后退运动，呈角弓反张姿势；脑多头蚴寄生在小脑时，羊站立或运动失调，行走步伐不稳，站立时四肢外展或内收；脑多头蚴寄生在脊髓时，羊行走后躯无力，甚至麻痹，呈犬坐姿势，排尿失禁。慢性病例病程较长，症状反复，严重的 1~2 个月后死亡。

3.诊断

临床根据典型的转圈运动及系列神经症状，较容易确诊。

4.防治

治疗可用口服吡喹酮，按每千克体重每天 50 毫克，连用 5 天；或按每千克体重每天 70 毫克，连用 3 天。口服阿苯达唑，按每千克体重 15 毫克服用。

预防应定期使用上述药物驱虫，羊场饲养狗的应同时使用药物驱虫。

（六）羊螨病

羊螨病是由体外寄生虫引起的一种高度接触传染的慢性皮肤病。

1.病原

引起羊螨病的寄生虫主要有疥螨和痒螨两种。疥螨寄生在羊皮肤的角质层下,虫体呈淡黄色,圆形,背部隆起,腹部扁平,体形较小,肉眼难以看见,长 0.2~0.5 毫米。痒螨寄生在羊皮肤的表面,虫体肉眼可以看见,呈长圆形,长 0.5~0.9 毫米。

羊螨病主要通过接触传播,一般由健康羊与病羊直接接触感染,或者由被螨、虫卵污染的器械、用具、圈舍、活动场地、饲养员等间接接触感染。疥螨多发生在羊皮肤较薄、被毛较少的口唇四周,眼睛周围,鼻边缘和耳根部。痒螨多发生在羊被毛浓密而长的背部、臀部、体侧和腹下。

2.症状

病羊由于皮肤瘙痒常在圈舍的墙壁、护栏等处蹭痒,不停啃咬患病部位,患部大片脱毛、有皮屑脱落,严重的患部皮肤发炎形成痂皮。

3.诊断

该病症状较明显,根据羊在圈舍内的表现结合皮肤症状较容易判断,结合患部皮屑放大镜下观察有无虫体可进一步确诊。

4.防治

发现病羊应及时隔离,治疗可配制 0.05%双甲脒、0.005%溴氰菊酯或 0.05%辛硫磷乳油水溶液喷涂羊全身或药浴,间隔 1 周左右应再重复治疗 1~2 次。建议对病羊所在圈舍的所有羊、圈舍地面、护栏及用具等同时用上述溶液或 1%敌百虫溶液彻底喷雾消毒。从病羊身上清理下来的被毛、痂皮、皮屑等要集中焚毁。

预防应根据计划定期药浴,保持圈舍干燥、通风良好、光照充足和清洁卫生。日常管理要细心观察,发现蹭痒、掉毛的羊应及时隔离治疗和对圈舍消毒。

第五节　羊常见普通病

一　乳腺炎

羊乳腺炎是指母羊乳腺、乳池、乳头局部发生的炎症,多见于产羔后4~6周泌乳期母羊。

1.病因

病因主要是圈舍潮湿或挤奶时不卫生,羊运动少,常卧地,损伤乳头导致葡萄球菌、链球菌、大肠杆菌、支原体等多种非特异性微生物通过乳头管侵入乳腺组织。羊患口蹄疫、子宫炎症等疾病也能继发该病。

2.症状

临床特征为羊乳腺发生种种不同性质的炎症,如乳房红、肿、热、痛,体温升高,精神沉郁,食欲下降甚至不吃,拒绝哺乳,乳房肿大,乳汁中有大小不等凝块或絮状奶块。不及时治疗,感染后期的乳房形成脓肿,导致羊因毒血症而死亡。

3.诊断

该病较易判别,主要通过观察母羊乳房是否发生红肿、乳汁中是否有凝块即可做出诊断。

4.防治

病初可局部冷敷结合轻揉按摩,乳头内注射青霉素,每天2次。同时在乳房基部实施封闭疗法,即用80万国际单位青霉素和0.5%普鲁卡因在乳房基底部分4处注入,隔天1次。脓性乳腺炎应开小创口排净脓液,注入0.02%呋喃西林液、3%过氧化氢液冲洗。为防止复发,治愈后的母羊建议淘汰,不再参与配种繁殖。

预防措施主要是做好圈舍日常卫生管理,保持圈舍干燥,防止羊乳房意外机械损伤等。

二 瘤胃积食

瘤胃积食实质是羊的一种严重消化不良病,主要是由于羊瘤胃内充满过量的饲料,引起瘤胃体积增大,食糜滞留在瘤胃内引起的。

1.病因

主要是由于羊场饲养管理过程中没有做到定时定量饲喂等原因造成的,常见原因包括:饲喂不及时、突然更换饲料种类、羊采食过量青绿饲料或精饲料、饮水不足或饲料中砂石灰土过多等。

2.症状

通常在羊采食后数小时内发病。发病初期羊不断嗳气,反刍减少或停止,磨牙,咩叫。病羊低头腰背拱起,不停回头顾腹,后蹄不安踏地。触诊瘤胃,内容物较坚实,病羊有痛感,压痕不易恢复。发病后期病羊呼吸困难,结膜发绀,精神沉郁。

3.诊断

根据病史和症状较易诊断。

4.防治

治疗主要通过排除积食,兴奋瘤胃,促进瘤胃蠕动,恢复瘤胃功能。通常可口服小苏打片、酵母片等促消化药物,结合瘤胃按摩效果更好。

预防措施主要是饲料搭配要科学合理,做到定时定量饲喂,不突然更换饲料,防止羊过量采食等。

三 瘤胃酸中毒

瘤胃酸中毒主要是由于羊采食过量富含碳水化合物的谷物饲料而

引起瘤胃内容物异常发酵,产生大量的乳酸,使瘤胃内正常微生物区系平衡受到破坏,导致瘤胃消化功能降低的一种消化不良病。

1.病因

引起瘤胃酸中毒的主要原因是羊采食过多的富含碳水化合物的精饲料,如大麦、小麦、玉米、大米、燕麦、高粱或其糟粕等,以及块茎根类饲料,如甜菜、马铃薯、甘薯等。

2.症状

临床特征为精神兴奋或沉郁,食欲减少或废绝,反刍减少或停止,瘤胃膨胀并积滞较多酸臭稀软内容物,触诊瘤胃有击水音,瘤胃蠕动减弱或停止等。病羊初期腹部明显膨大,精神沉郁,食欲低,反刍减少或废绝,心跳加快,瘤胃不蠕动。后期出现明显神经症状,主要表现为步态不稳,卧地不起,头颈后仰,角弓反张。

3.诊断

根据羊是否过食或偷食谷物饲料,结合临床不难诊断。

4.治疗

一般常用胃导管排除瘤胃内容物后,用1%碳酸氢钠或1%盐水洗胃,再静脉注射5%碳酸氢钠溶液200毫升,口服健胃药物。

预防措施主要包括在日粮中添加0.5%左右的小苏打,精饲料要逐渐增加,让瘤胃有逐步适应的过程,严格控制精饲料的饲喂量,加强饲养管理,防止羊过量采食或偷食精饲料。

（四）尿结石

羊尿结石是一种代谢性疾病,主要是在羊的尿路中盐类结晶物形成结石,刺激黏膜,进而引起尿路出血、发炎和阻塞,造成肉羊尿痛、尿频、排尿困难。严重的会因为排不出尿导致膀胱破裂,引发尿毒症或造成尿

道出血、坏死,导致病羊死亡。

1.病因

病因主要是日粮中钙磷比例失调或精饲料、粗饲料饲喂比例不当,精饲料饲喂过多;长期饮水量不足,水质差;运动少,尿、汗排出障碍或大量排汗后盐类浓度过高;某些可引起尿液偏碱性的疾病;长期喂富含磷的精饲料、块根料等。

2.症状

该病在舍饲的公羊、羯羊中多见,羔羊发病多于成年羊。尿结石常因结石发生的部位不同而症状有所差异,造成尿路完全或不完全阻塞,引起尿闭、尿痛、尿频,有时可导致膀胱破裂。病羊初期咩叫,弓背努责,频频翘尾,尿量少而频繁。后期站立不稳,排尿痛苦。排不出尿时,眼睑、下颌和尿道周围皮下水肿。膀胱破裂后,下腹部膨大,食欲废绝,一般2~4天后死亡。

3.诊断

根据饲料结构、饲喂方式和排尿情况等病史可以做出判断,剖检可见羊尿道口或尿道中间有大小不等的结石。

4.防治

治疗可用利尿剂乌洛托品或克尿塞辅助治疗。中药金钱草5克加海金沙30克,水煎服每日1次可助排石。同时肌内注射抗生素防止尿路感染。

预防措施主要包括调整饲料中钙、磷比为2∶1,严格控制精料饲喂量,在饲料中添加适量的氯化铵可延缓磷、镁盐类在尿中沉积,保证足量的清洁饮水。

五 食毛症

羊食毛症是绵羊、山羊以啃食被毛成瘾为特征的一种营养缺乏性疾病。

1.病原

一般认为绵羊、山羊食毛症发生的主要原因是日粮中蛋白质和含硫氨基酸不足,导致肉羊体内硫元素缺乏而食毛。该病没有明显性别、年龄差异,一般山羊发病率高于绵羊。

2.症状

病羊自身掉毛、脱毛,喜欢啃食同圈舍内其他羊或者自己的背、臀、腹、肩等部位的被毛,导致背部、腹部或者全身大片无毛或少毛。病羊食欲逐步下降,逐渐消瘦,出现消化不良、腹胀腹痛等症状,不及时处理羊最终会衰竭死亡。死亡病羊剖检消化道内可见未消化的硬实圆形毛球。

3.诊断

根据日常观察到羊体表大片无毛或少毛以及啃食自己或其他羊的被毛等临床表现基本可做出初步诊断。采集饲料、被毛等实验室检测矿物质含量尤其是硫元素含量,可进一步确诊。

4.治疗

治疗可以灌服硫酸钙、硫酸亚铁等硫酸盐水溶液,在精饲料中添加蛋氨酸、赖氨酸等含硫氨基酸可以预防该病发生。

六 羔羊白肌病

羔羊白肌病主要是由于饲草、饲料中缺少硒和维生素 E 导致的羔羊较常发生的一种营养代谢疾病,以病变部位肌肉色淡、苍白,骨骼肌、心肌纤维以及肝组织等发生变性、坏死为主要特征。

1.病因

导致羔羊白肌病发生的主要原因在于日常饲喂的饲草、精饲料中硒、维生素含量不足或缺乏。青绿饲料加工、贮存不当或贮存时间过久易造成其中的维生素 E 被破坏，长期饲喂这种饲料，可导致羔羊白肌病。一般情况下，在青绿饲料缺乏的冬季和早春较易发生羔羊白肌病。

2.症状

急性病羔羊常未发现症状就突然死亡，一般以机体衰弱、心力衰竭、呼吸困难、消化功能紊乱为特征。病羊精神萎靡，离群，不愿运动或运动失调，行走不便，心跳快，每分钟心跳在 200 次以上，严重者心音不清，有时只能听到一个音。可视黏膜苍白，呼吸浅而快，每分钟 80~90 次，尿呈红色、红褐色，出现蛋白尿。死亡病羊剖检可见右心内膜下的心肌病变呈灰白色，全身骨骼肌颜色苍白无血色。

3.诊断

一般根据病死羔羊心肌、骨骼肌的颜色和典型病变即可做出诊断，结合病死羔羊组织样、饲草、精饲料的硒含量可以进一步确诊。

4.防治

治疗根据羔羊体重大小，每只肌内注射 2~4 毫升的 0.1%亚硒酸钠注射液，1 天 1 次，连续 2 次。

预防措施主要包括：加强对妊娠、哺乳母羊及羔羊的饲养管理，特别是冬、春季节更应注意饲喂富含蛋白质、硒的精饲料和优质干草，如干苜蓿等豆科饲草；每千克精饲料中添加 0.1 毫克的亚硒酸钠，同时补充维生素 A 和维生素 E；妊娠母羊肌内注射 0.1%亚硒酸钠注射液，每只 4~8 毫升，1 月 1 次，连续 2~3 次；2~3 日龄的羔羊每只肌内注射 1 毫升。需要特别注意的是，亚硒酸钠具有剧毒，使用时应注意安全，避免超量，非贫硒地区和没有发生过羔羊白肌病的羊场可以不使用。

七 羔羊瘫软综合征

羔羊瘫软综合征是由维生素和微量元素缺乏、低血糖、高血钾、低骨钙和细菌继发感染等多种因素引起羔羊瘫软、腹胀的一种疾病。

1.病因

羔羊瘫软综合征发生的主要原因是妊娠期母羊饲养管理不当,尤其是妊娠后期饲料营养不足,造成胎儿发育不良,导致所产羔羊先天不足、体质较差。另外,羔羊饲养管理中圈舍温度较低或羔羊直接睡在漏粪地板上腹部受凉,引起羔羊肠蠕动变慢,胃酶分泌量减少,乳汁在胃内消化慢、停留时间长,导致羊消化不良,胃肠道内滞留未消化的食物发酵也是一个重要原因。

2.症状

该病多发生于初生羔羊,多见于 2~7 日龄。一般呈整窝性发病,一窝几只羔羊同时发生或相继发病,但没有传染性。病羔羊初期表现为体温基本正常,精神不振,吮乳困难,四肢无力,步态不稳,有时两前肢跪地或者两后肢拖地行走,或似醉酒样四处乱撞,不见大小便或者大便干结,排便困难。后期体温下降,表现为卧地不起,全身瘫软,大多数腹部发胀,不能吮乳,肌肉震颤,角弓反张,四肢挛缩,有的呈阵发性痉挛或前肢无目的划动,大便失禁,大多数发病羔羊排出黄色带黏液粪球或黏液性稀便。病死羔羊剖检可见胃内有大量没有消化的凝乳块和酸臭液体,胃肠黏膜脱落,胃壁有条块状出血斑,小肠黏膜出血,大肠及直肠内有黄色或灰白色球形或乳状黏液性物。

3.诊断

根据羔羊瘫软的典型症状及剖检胃肠道内有没有消化的乳凝块等可确诊。

4.防治

治疗可用 0.9%生理盐水、5%葡萄糖水、葡萄糖酸钙 10 毫升、甘露醇 100 毫升、碳酸氢钠 100 毫升和头孢噻呋钠 0.5 克混合后静脉注射,或者灌服葡萄糖、葡萄糖酸钙、复合维生素、胰高血糖素和止痢药。

预防主要是做好妊娠母羊尤其是妊娠后期母羊的饲养管理,确保母羊营养均衡充足;加强初生羔羊的护理,产羔舍应保持适宜的温度,冬季和昼夜温差较大的早春应注意羔羊的保温,尤其是夜间,避免羔羊直接睡在漏粪地板上,导致腹部受凉。

(八) 胎衣不下

胎衣不下也称为胎衣滞留,是指母羊在分娩后不能及时排出胎衣,导致胎衣在子宫内滞留的现象。一般母羊在羔羊产出后的 4~6 小时内胎衣即可自然排出,长时间胎衣仍然没有排出体外,就可判断为胎衣不下。

1.病因

母羊产后胎衣不下主要是母羊体质较差、年龄过大、营养不良、运动不足、胎儿过大及分娩时间过长等造成母羊产后子宫收缩无力所导致。另外,在母羊妊娠期间子宫如果受到李氏杆菌、支原体、沙门菌、霉菌、弓形虫等感染,发生子宫内膜炎或胎盘炎造成胎儿胎盘与母体胎盘发生粘连,也会导致母羊产后胎衣不下。发生胎衣不下的母羊在治疗康复后建议淘汰育肥出栏销售,不再参与配种繁殖。

2.症状

病羊的胎衣下垂悬挂在阴门外,不能自然排出。母羊产后 24 小时内胎衣不下,对其影响不大。超过 24 小时胎衣会发生腐败,产生恶露。病羊弓腰努责,卧地不起,食欲下降或废绝,精神沉郁,体温升高,呼吸急促,阴门流出红色或褐色的腥臭味黏液,不及时治疗会导致全身症状的出现。

3.诊断

根据产后胎衣排出的时间及临床典型症状可以确诊。

4.防治

治疗时最简易的方法是在露出的胎衣上绑上一只不用的鞋子或其他近似重量的东西,利用悬挂着的物体的重力慢慢将胎衣拽出。胎衣拽出后,对病羊应肌内注射抗生素治疗以预防子宫炎症。分娩后24小时内胎衣仍排不出的,可肌内注射催产素,增加子宫收缩力度,促进胎衣排除。必要时可以进行手术剥离胎衣,但要加强术后的护理,防止继发感染。

预防主要是加强妊娠期母羊的饲养管理,保证饲喂的日粮营养全面和均衡,并加强母羊的运动。加强母羊产后护理,及时补充清洁饮水,让母羊舔食羊水和羔羊身上的黏液有助于胎衣排出。

九 流产

流产是指在母羊妊娠期未满之前,由于各种原因造成妊娠中断或者不足月的胎儿停止发育被排出。流产不仅降低羊场的繁殖率,也严重危害母羊的健康,有时甚至会造成死亡,带来一定的经济损失。

1.病因

导致母羊流产的病因复杂,主要有饲养管理因素、非病原性因素和病原性因素等。

(1)饲养管理因素。导致母羊流产的饲养管理因素主要是母羊圈舍环境不好、饲养密度过大、应激、机械损伤等。

妊娠母羊圈舍寒冷、闷热、污浊潮湿、通风不良、氨气或硫化氢等有害气体浓度高等因素可降低母羊抵抗力;妊娠母羊饲养密度过大,相互

拥挤而挤压腹部，或因争夺采食和相互打斗、暴力驱赶、放牧时跨越沟渠，或者公羊和母羊混合饲养而随意交配等；各种惊吓、突然更换饲料、运输等应激，造成母羊免疫力下降；羊床破损而导致妊娠母羊腿被卡和摔倒，临床给药或疫苗接种带来的羊群躁动等。以上饲养管理不当因素都可能造成妊娠母羊的流产。

（2）非病原性因素。生殖器官疾病、遗传因素、生殖激素失调、胎儿生理异常、近亲繁殖等均可导致母羊流产，但临床上更常见的非病原性因素是妊娠母羊饲料营养不良、中毒等。

妊娠母羊长时间饲喂过于单一的饲料，尤其妊娠后期，营养不足或者不均衡，缺乏必需的脂肪酸、蛋白质，或缺乏维生素、矿物质等，导致母羊体况变差，免疫力下降，造成胎儿营养不良，严重影响胎儿发育，常表现为发育受阻，胚胎死亡，妊娠终止，最终发生流产。

长期营养不足，可引起妊娠母羊蛋白质、糖类和脂肪代谢紊乱，进而引发肝功能障碍及排毒、解毒功能下降，造成以低血糖、高血酮及高皮质醇为特征的妊娠毒血症，通常发生流产或早产，或产下弱羔、死胎。

母羊在妊娠期间采食了霉菌毒素、细菌毒素、饲料腐败产生的有毒物质、农药等有毒物质都可引发流产，最常见的因为饲喂霉变饲料导致的流产在南方地区的梅雨季节极易发生。

（3）病原性因素。病原性因素是临床上母羊流产的主要原因，较常见的是衣原体感染导致羊地方性流产，其次是支原体感染、子宫炎症导致的流产。布氏杆菌、李氏杆菌、胎儿弯曲菌、沙门菌等感染也可导致母羊流产。

羊衣原体病是由于感染衣原体而发生的一种传染病，绵羊和山羊都可感染。流产多发生于母羊妊娠的中后期，流产率20%~30%。主要临床特征是发热、流产、产出死胎或者弱羔。羊衣原体病多在春季发生，一般2

岁左右的母羊多见。另外,种公羊也会感染衣原体,并通过配种导致母羊被感染。

子宫炎是母羊最常见的一种生殖系统疾病,妊娠母羊发生子宫炎后,往往会出现流产。一般妊娠初期的母羊容易发生子宫炎。

母羊感染布氏杆菌病后,流产多发生于产前 1~2 个月,绵羊流产率为 30%~40%,山羊敏感性更高,流产率为 50%~60%。李氏杆菌感染引起母羊的流产常发生于妊娠 3 个月后,流产率为 15%左右。妊娠母羊感染胎儿弯曲菌引起的流产常发生于母羊产前 15~45 天,流产率为 50%~60%。妊娠母羊感染沙氏菌引起的流产通常出现在产前 2 个月左右,流产率为 10%。流产的死羔主要病变为肝脏肿大、脾脏充血,其表面可见坏死灶。

2.症状

隐性流产的母羊不会有明显的特征,往往突然发生流产。延期流产和早产的母羊会表现出明显的特征,通常类似于正常的分娩过程。

因营养不良患妊娠毒血症的母羊流产前反刍停止,反应迟钝,运动失调,头颈高仰或歪向一侧。

母羊患有慢性子宫炎时,临床上通常不会表现出明显症状。但患有急性子宫炎时,可见有脓性分泌物或者黏液从阴道流出,尤其在卧地后有更多分泌物流出,且往往在尾根处附着,通常呈棕黄色或者灰红色。

感染衣原体的母羊在流产前特征性症状不明显,多见神态异常,经常咩叫,并伴有腹痛,流产时往往会产出死胎。

感染李氏杆菌的母羊流产症状:病初体温先升高到 40~41.5 ℃,后下降接近正常,精神沉郁、食欲减退及眼结膜发炎,常有神经症状,如颈部、咬肌痉挛,头颈偏向一侧,转圈运动,流涎等。

3.诊断

流产容易诊断,但造成流产的具体原因要具体分析。首先要搞清楚

是个别妊娠母羊发生流产,还是群体性发生流产。个别母羊的流产,应主要考虑挤压、争斗、惊吓、剧烈运动以及母羊自身的体质、健康状况等因素。群体发生的母羊流产,应主要考虑饲料营养是否全面,饲草、饲料是否霉变以及疫病的发生。因疫病发生的母羊流产,根据临床症状,结合实验室结果进行确诊。

4.防治

母羊发生流产的原因在临床上比较复杂,一般同时存在多种病因。母羊发生流产时,应综合分析、合理治疗。母羊采食发生霉变饲料或者表现出典型中毒症状时,要使用有效的解毒药物进行治疗。母羊有腹痛、起卧不安等症状时,可肌内注射 15~20 毫克黄体酮,每天 1 次,连用 3 天。子宫炎症引起母羊流产,主要采取子宫冲洗措施,常用 100~200 毫升 0.1%的高锰酸钾溶液或 1%~3%氯化钠溶液反复多次冲洗子宫。同时,配合使用抗菌消炎药物进行治疗。衣原体、支原体等病原性因素造成母羊流产,重点在于预防,应定期注射疫苗。流产后的母羊应隔离治疗或接种疫苗。

预防措施主要是加强妊娠母羊的饲养管理,保证母羊营养的全面、均衡,不饲喂霉变饲草、饲料,按免疫计划进行免疫接种和定期驱虫。

十 不孕

母羊不孕在肉羊生产中较常见,引起母羊不孕的主要因素包括生殖器官先天性缺陷、饲料营养不足或者不均衡、患有生殖系统疾病、饲养管理不当、种公羊精液品质差等,严重影响肉羊养殖的经济效益。

1.病因

引起母羊不孕的原因主要包括:母羊生殖器官发育不良,先天性的生理缺陷;子宫、阴道感染病原菌,引起子宫炎、卵巢炎或者阴道炎等生殖系统疾病;体质瘦弱,内分泌失调;母羊膘情过肥,大量的脂肪沉积使卵巢堵塞;饲养环境长期潮湿昏暗,卫生条件差;长期饲喂含有激素的饲料,造成母羊内分泌失调或紊乱;种公羊使用不合理,种公羊精液品质差等。

2.症状、诊断

母羊不孕症的临床表现主要是母羊发情周期不正常或正常,但屡配不孕。

3.防治

治疗前应综合分析造成母羊不孕的原因,对症治疗。因饲料营养引起的不孕,增加饲草和饲料的饲喂量,尤其是精饲料;母羊过肥的,减少精饲料的饲喂量或减少精饲料中能量成分的含量。生殖系统疾病引起的母羊不孕,用0.1%的高锰酸钾溶液或1%~3%氯化钠溶液反复多次冲洗子宫、阴道等炎症部位,同时肌内注射抗生素和磺胺类药物,以防继发感染。种公羊精液品质差引起的母羊不孕,更换种公羊。

预防措施主要包括:合理调配母羊的饲料,保证营养均衡;加强种公羊的饲养管理,提高精液品质;淘汰老龄母羊和精液品质差的种公羊;加强羊舍通风保暖,定期消毒,保持环境清洁卫生,避免应激或细菌、病毒等感染。

参 考 文 献

［1］赵有璋.中国养羊学［M］.北京：中国农业出版社，2016.

［2］张英杰.羊生产学［M］.北京：中国农业大学出版社，2010.

［3］荣威恒，张子军.中国肉用型羊［M］.北京：中国农业出版社，2014.

［4］叶均安，何世山.规模湖羊场精细化饲养管理技术及装备［M］.北京：中国农业科学技术出版社，2018.

［5］刁其玉.科学自配羊饲料［M］.北京：化学工业出版社，2021.

［6］朱奇.高效健康养羊关键技术［M］.北京：中国农业出版社，2021.

［7］冯建忠，张效生.规模化羊场生产与经营管理手册［M］.北京：中国农业出版社，2014.

［8］朱德建，汪萍.山羊养殖实用技术［M］.北京：中国农业大学出版社，2016.

［9］黄明睿，朱满兴，王锋.肉羊标准化高效养殖关键技术［M］.南京：江苏凤凰科学技术出版社，2016.

［10］施六林.安徽省农业绿色发展典型模式及解析［M］.合肥：中国科学技术大学出版社，2020.

［11］卫广森.兽医全攻略——羊病［M］.北京：中国农业出版社，2009.

［12］何生虎.羊病学［M］.银川：宁夏人民出版社，2006.

［13］陈怀涛.羊病诊疗原色图谱［M］.北京：中国农业出版社，2008.

［14］钱义明.新编羊病诊断与防治［M］.呼和浩特：内蒙古科学技术出版社，2004.

［15］陈怀涛.牛羊病诊治彩色图谱［M］.北京：中国农业出版社，2004.

［16］刘俊伟，魏刚才.羊病诊疗与处方手册［M］.北京：化学工业出版社，2021.